普通高等教育农业农村部“十三五”规划教材

全国高等农林院校“十三五”规划教材

Python 程序设计基础

康立军　吴丽丽 ◎ 主编

中国农业出版社

北　京

内 容 简 介

本书是学习 Python 语言程序设计的基础教程，是一本入门级书籍。书中主要讲解了程序设计的基础知识，以及 Python 的基本语法、控制语句、函数与模块、字符串、列表、元组、集合、字典、面向对象程序设计、文件和异常、常用的第三方库等知识。

本书以掌握程序设计思想为主线，循序渐进地介绍了程序设计和 Python 语言的基础知识，并设计了任务驱动环节，使读者在学习编程的过程中，逐渐掌握程序设计的思想和技能，适合 Python 的初学者，也适合没有编程基础的读者。本书还有配套的教学 PPT、题库、源代码、教学设计等资源。所有代码均在 Python 3.7 下完成调试。

本书可作为高等院校本科计算机及非计算机专业学生学习程序设计类课程的入门教材，也可作为参加全国计算机等级考试二级 Python 语言程序设计科目参考用书。

编写人员名单

主　编　康立军　吴丽丽

副主编　李艳梅　代永强　郭小燕

编　者　康立军　吴丽丽　李艳梅　代永强　郭小燕

前言

20世纪90年代末，人类进入了互联网时代，信息逐渐成为了社会的重要资源，掌握必要的信息技术也成了人们工作、学习和生活的基本要求。程序设计作为计算机科学的重要内容，在信息的搜集、加工、处理、发布等方面具有不可替代的作用。学会如何编写程序是了解计算机科学的重要方法，也是利用计算机解决实际问题的必由之路。

目前，世界上有600多种程序设计语言，而被广泛应用的主要有Java、C/C++、Python、C#、PHP、JavaScript、Objective-C、Go、Visual Basic等。从理论上来说，如果能够精通一门语言，就可以满足绝大部分的编程需求。由于每种程序设计语言的学习曲线不尽相同，而我们的时间和精力又是有限的，那么，选择一门比较容易上手、能应对各种应用场景的程序设计语言进行学习，就显得十分必要。

Python程序设计语言因其简单、易学、易扩展、易维护、跨平台、生态丰富等特点，已成为近年来最流行、最受欢迎的程序设计语言之一。Python最初主要用于编写自动化脚本（shell），而随着众多开发人员的不断加入和新功能的增加，目前已被广泛用于Web全栈开发、数据分析与处理、人工智能、自动化运维、嵌入式开发、游戏开发等领域。

本书围绕Python语言的基础知识，在内容编排上从零基础编程开始讲解，使读者能够对最基本的语法知识、程序控制，以及数据的加工、处理、展示有一个清晰的、循序渐进的认识过程。

本书具有以下特点：

1. 定位准确 本书主要面向高等学校计算机公共基础教育，是为没有相关编程基础的非计算机专业学生学习Python而编写的，因此本书的学习目标是掌握程序设计的基本方法与Python语言的基础知识。

2. 易于自学 本书以零基础编程读者为对象，由浅入深地从程序设计最基本的概念出发，再到Python语言的基础知识讲解，结合大量实例演示，使学生逐步掌握程序设计的思想和方法。

3. 注重应用 学习程序设计无用论的观点在高等学校非计算机专业学生中较为普遍，也是众多非计算机专业学生的切实感受。究其原因，除了学生还未能熟练使用变量、数据类型、控制结构编写程序外，还有一个是学生已经习惯使用传统方法处理信息，未能培养成编写程序处理信息的意识。因此，本书注重介绍使用 Python 语言编程解决日常事务中的实际问题，明晰应用场景。

4. 与等级考试紧密结合 本书的内容在编写过程中参考了最新版全国计算机等级考试二级 Python 语言考试大纲的要求，内容的深度和广度有助于学生参加计算机等级考试。

本书共有 11 章，第 1 章主要介绍了程序设计的基础知识；第 2 章是 Python 语言概述；第 3 章介绍了 Python 语言的基础知识；第 4 章介绍了 Python 语言的控制结构；第 5 章介绍了 Python 的常用数据结构；第 6 章介绍了字符串处理方法；第 7 章介绍了 Python 的函数与模块知识；第 8 章介绍了文件操作；第 9 章介绍了面向对象程序设计知识；第 10 章介绍了正则表达式；第 11 章介绍了 Python 的计算生态。

本书在编写过程中参考了很多相关文献还参阅了大量的线上资料，在此对提供者一并深表感谢。

由于作者水平有限，书中难免存在不足和错误之处，恳请读者批评指正。

编 者

2020 年 7 月

目录

第 1 章 初识程序设计

学习目标

1. 了解程序设计的基本概念。
2. 掌握算法的基本概念及特点。
3. 初步学会设计一些简单算法。
4. 掌握程序流程图中符号的含义。
5. 学会制作流程图。

知识导图

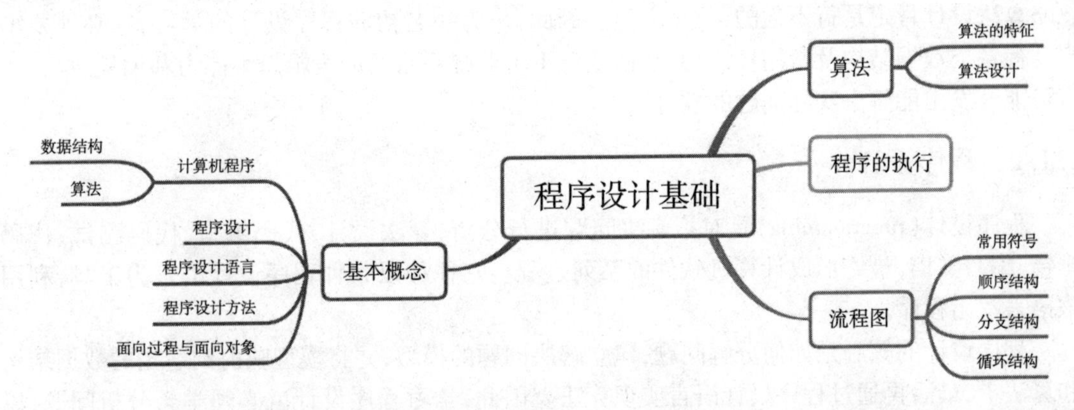

计算机无论是用于科学计算、信息管理、工程设计，还是用于上网、玩游戏，都是在某种程序的指挥下进行的。计算机中的程序一般也被称为软件，它是计算机的灵魂，一台没有软件的计算机就如同一个没有思想意识的人一样，无法实际应用。到目前为止，人类还无法设计出一款能够同时解决现实世界中所有问题的软件，因此，为满足处理不同领域、不同类别问题的需要，人们往往需要根据具体需求进行软件的设计与开发，以期解决具体问题。

设计开发软件最终的目的是利用计算机计算速度快、精度高、记忆功能强大、自动运行的特点实现提高工作效率、降低工作量的目标。因此，若一款软件在使用的过程中比人工处理还要费时、费力，那么只能说这是一款失败的软件，不具备被推广使用的价值。

1.1 基本概念

1.1.1 计算机程序

计算机程序(computer program)有时又称为计算机软件(software),简称程序(program),它是一组计算机能识别和执行的指令的组合,用于控制计算机的工作过程,完成一定的逻辑功能。程序通常用某种程序设计语言编写,运行于某种目标体系结构上。

现有的计算机均遵循冯·诺依曼式计算机体结构,其核心原理是存储程序和程序控制。存储程序是指要事先编制程序,然后将程序存入计算机,这样计算机在运行程序时就能自动地、连续地从存储器中依次读取程序指令并执行,从而使计算机高速运行;程序控制是指计算机的各个部件要根据程序的指令协调工作。

一个程序主要包括数据结构和算法两个方面:

(1)数据结构。指相互之间存在一种或多种关系的数据元素的集合。数据元素之间的关系称为结构,它包含逻辑结构和存储结构,以及数据集上的一组操作。在编写的程序中一般需要指定数据的类型和数据的组织形式。

(2)算法。它是对待解决问题的处理步骤,也就是按照一定步骤解决问题,是对操作的过程性描述。

瑞士计算机科学家 Nicklaus Wirth(尼古拉斯·沃斯)认为:程序=数据结构+算法。这一公式反映了数据结构与算法之间是成相互依托关系的,也就是说任何程序只关注数据结构,而忽略算法设计肯定是行不通的,反之亦然。因此,作为一名初涉程序设计的学习者,必须要牢牢掌握各类数据结构及常用算法,并在此基础上不断提高自己的逻辑思维能力和编程技巧,才有可能开发出能解决实际问题的软件。

1.1.2 程序设计

程序设计(programming)是对拟解决问题进行分析、算法设计、代码编写、代码测试、代码排错、编写文档,最终形成计算机软件的系列过程。它往往以某种程序设计语言为工具,利用该语言写出程序。

程序设计的核心是如何分解问题,建立解决问题的模型,并将模型映射到适当的数据结构和算法上,最后再通过程序设计语言实现算法。因此,学习程序设计就必须学会分析问题,以及建立解决的问题的模型。

1.1.3 程序设计语言

计算机是在指令的控制下进行工作的,每台计算机都有自己的指令系统,不在其指令系统中的指令计算机是无法识别和执行的。因此,计算机要按照人的意图工作,人必须要使用计算机能识别的指令告诉计算机执行哪些指令。现在计算机的指令系统都是用二进制编制的,显然,人要全部记住计算的指令并熟练使用是非常困难的。为此,人们就给计算机设计了一种特殊语言,这种语言既能被人类使用,又能够被转翻译为计算机可识别的指令,这就是程序设计语言。每种程序设计语言都有自己的翻译程序。

程序设计语言可以分为 3 大类:一是机器语言,它是最底层的语言,其实就是直接使用机器指令的语言;二是汇编语言,它用简单的助记符代替计算机指令,更加接近于机器语言;三是高级语言,它独立于计算机,更加接近自然语言,易于人们理解和掌握。在不做特别说明的情况下人们所说的程序设计语言一般都是指高级语言。

目前的程序设计语言有很多,如 Java、C/C++、Pascal、C#、PHP、Perl、Python、R、Go 语言等。每种语言都有自己的特点与擅长的应用领域,但无论哪种语言,一般来说,其基本成分不外乎以下 4 种:

(1)数据要素。用以描述程序中所涉及的数据,如,数值数据、字符数据等。

(2)运算要素。用以描述程序中所包含的各种运算,如,算术运算、关系运算、逻辑运算等。

(3)控制要素。用以表达程序中的控制构造,如,顺序结构、分支结构、循环结构。

(4)传输要素。用以表达程序中数据的传输,如,输入、输出、赋值运行等。

1.1.4　程序设计方法

程序设计方法一般有两类,即面向过程的程序设计方法(又称为结构化程序设计方法)和面向对象的程序设计方法。无论是面向过程还是面向对象的程序设计方法,其实都是一种编程思想。

面向过程的程序设计方法是将每一个步骤和具体要求全都考虑在内来设计程序,是一种以过程为中心的编程思想,其实质是分析出解决问题所需的步骤,然后使用程序设计语言设计成函数实现这些步骤,最后调用这些函数来解决问题。简单地说,按照既定步骤解决问题就是面向过程。使用这种方法,编程人员需要完成先做什么、再做什么、怎么做、如何做等一系列过程。

面向对象的编程思想是将程序看作相互协作而又彼此独立的对象的集合,每个对象就是一个微型程序,有自己的数据、操作、功能和目的。建立对象的目的不是完成一个步骤,而是描述整个事物在整个解决问题的步骤中的行为。

1.1.5　面向过程与面向对象程序设计方法的比较

(1)面向过程的程序设计方法简单直接,易于理解;面向对象的方法与面向过程的方法相比较为复杂,不易于理解。

(2)面向过程的方法模块化程度较低,面向对象的方法模块化程度较高。

(3)面向过程的方法资源消耗较低,因而其性能也较高,而面向对象的方法资源消耗较高,系统开销较大,相比之下其性能也有所降低。

(4)用面向过程方法实现的系统,其可维护性、可复用性、可扩展性要低于采用面向对象方法设计的系统。

(5)用面向过程方法设计的系统耦合性较高,而用面向对象方法可以设计出低耦合的系统,使系统更加灵活。

(6)面向过程的方法更易于开发,而面向对象的方法在前期设计上要更加复杂。

通过以上对比可以看出,当业务逻辑比较简单的时候,使用面向过程的方法能更快地完成设计开发,当业务逻辑比较复杂时,为了将来的维护和扩展,使用面向对象的方法更加科学合理。

1.2 算法

1.2.1 算法的特征

算法本身与程序设计语言没有什么关系，同一个算法，可以用不同的程序设计语言实现，但编写的程序代码可能会不太一样。算法有如下 5 大特征：

（1）有穷性（finiteness）。算法必须在有限的步骤内终止，否则计算机会一直执行到资源耗尽后死机。

（2）确定性（definiteness）。算法的每一个步骤必须有确切的定义，每个步骤确定，步骤的结果确定。算法执行的过程是与计算机交互的过程，每一步必须明确且符合语言规则，否则计算机无法执行，会报错。

（3）输入项（input）。一个算法有 0 个或多个输入，用以描述运算对象的初始情况。0 个输入一般是指算法本身给定了初始条件，在运算的过程中可以无数据输入，也可以有多种类型的多个数据输入，需根据具体的问题加以分析确定。

（4）输出项（output）。一个算法有一个或多个输出，用以反映对输入数据的处理结果，没有输出的算法是无意义的。

（5）可行性（effectiveness）。算法的每一个步骤都是可行的，且在有限的时间内是可完成的（也称有效性）。

1.2.2 设计算法应注意的问题

（1）正确性。一切合法的输入都能得到满足要求的结果，典型、苛刻的几组输入数据也能够得到满足要求的结果。

（2）可读性。算法应该易读、易于理解，晦涩难懂的算法易于隐藏较多错误而难以调试。

（3）健壮性。程序应该具有健壮性和强壮性（又称鲁棒性），也就是当程序在运行过程中出现各种故障（如，输入错误、磁盘故障等）时，程序能够不崩溃，不会导致死机。

（4）高效性。算法应该具有较高的执行效率，即在最短时间内完成算法。

（5）低存储量。算法的实现应该占用最少的存储空间。

1.2.3 算法示例

问题：已知正方形的边长，求正方形的对角线长度和面积。

一级算法设计：

第一步：输入正方形的边长 a；

第二步：计算对角线长度 b 和面积 s；

第三步：输出对角线长度及面积 s。

从上面的算法可以发现，第二步还不能直接写出代码，可以继续对第二步进行细化，细化后的二级算法如下：

```
2-1:b=sqrt(2) * a;
2-2:s=a * a;
```

按照细化后的算法就可以直接写代码了。上面是一个非常简单算法,从中我们可以看出,在进行算法设计时可以先写出一级算法,如果由此还不能写出程序,则需要继续对算法进行求精。显然,在上面的算法中,第二步我们还可以进行细化得到二级算法,并综合一级算法和二级算法直到直接写出代码。

需要说明的是,算法的求精并不是必需的,像上面的一级算法对一个较为熟练的编程人员来说,完全可以不用求精而直接写出代码,但对刚开始学习编程的人来说,还是强烈建议脚踏实地地把算法写完整,这样不但可以保证写出程序的正确性,还能逐步锻炼自己的逻辑思维能力。

1.3　程序的执行

从用户的角度看,程序的执行可以分为解释执行和编译执行两种方式。前面说过,每种程序设计语言都有自己的翻译程序,根据程序不同的执行方式,翻译程序也就对应了解释程序和编译程序。解释执行的方式依靠解释程序对程序语句边扫描边翻译执行,或由用户输入一句执行一句,它并不产生目标程序;编译执行的方式依靠编译程序将事先写好的程序进行翻译,产生机器语言的目标程序,然后再由计算机执行目标程序。

不同的程序设计语言有不同的执行方式,有的语言只支持编译执行,有的语言既支持编译执行也支持解释执行。解释执行的方式要经过翻译后再执行,缺点是程序的运行速度较慢,优点是对平台的依赖性低;编译执行的方式由于程序已经转换为机器指令,因此执行速度相对较快,但程序的兼容性较差。

1.4　程序流程图

程序流程图又称框图,是用统一规定的标准符号描述程序运行的具体步骤,它是算法的一种图形化表示方法,具有直观、清晰、易于理解的特点。程序流程图是进行程序设计最基本的依据,其质量直接关系到程序设计的质量。

程序流程图有顺序结构、分支(选择)结构和循环结构三种基本结构。任何算法都可以由这三种结构组合描述,三种结构可以并列使用,也可以嵌套使用,但不能交叉使用,即不能从一个结构直接跳转到另一个结构的内部去。遵循这种方法的程序设计,就是结构化程序设计。

1.4.1　流程图常用符号

常用的程序流程图符号主要有起始框、处理框、判断框、流程线、连接点、注释框等(图1-1)。起始框用于表示程序的开始或结束;处理框用于表示对数据的处理;判断框(菱形框)用于对条件进行判断,它只有一个入口,但至少要有一个出口(可以有多个出口);流程线用于表示流程的路径和方向。

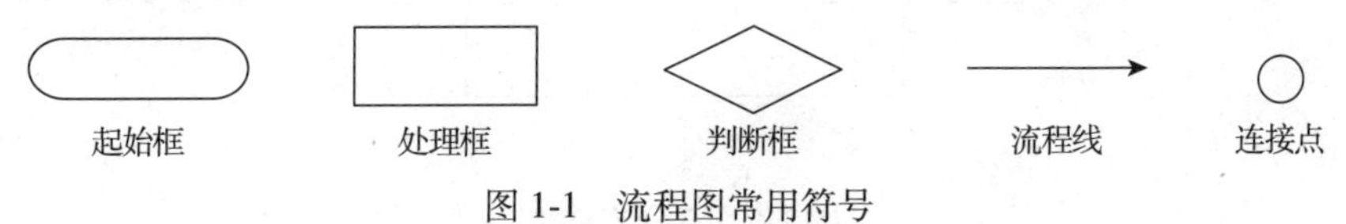

图1-1　流程图常用符号

1.4.2 顺序结构流程图

顺序结构是流程图中最简单的结构,各框按顺序执行,它一般用于处理计算、输出等问题,如图 1-2 所示。

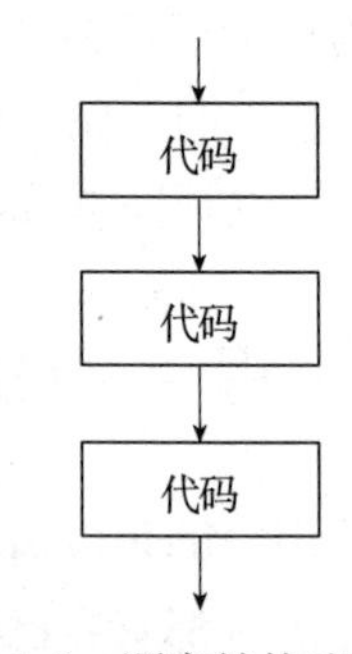

图 1-2 顺序结构流程图

1.4.3 分支结构流程图

分支结构也称选择结构,是对给定的条件进行判断。当条件为真(满足条件)或为假(不满足条件)时分别执行不同框的内容。此时程序不再单纯地按照顺序执行,而是根据判断结果执行不同路径中的代码块。分支结构适合于带有关系运算或逻辑运算的算法。基本的分支结构可以分为单分支结构和双分支结构。

1. 单分支结构

在单分支结构中,条件判断的结果虽然可以有两种,但执行路径其实只有一条,另一条执行路径什么也不做,也就是为空。图 1-3 表示当判断条件为真时执行代码块 1,当条件为假时什么也不做;图 1-4 表示当判断条件为假时执行代码块 1,当条件为真时什么也不做。

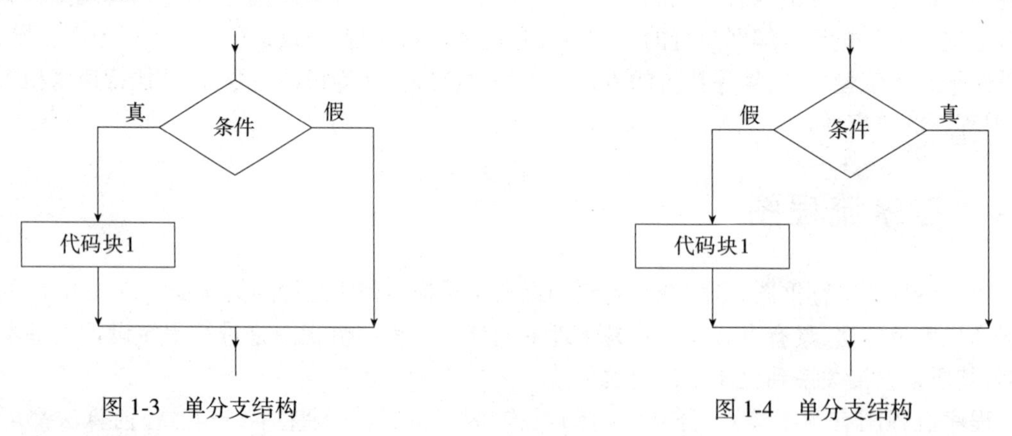

图 1-3 单分支结构　　图 1-4 单分支结构

2. 双分支结构

双分支结构中有两条执行路径,依据判断结果,其中的一条执行路径必然会被执行,而另一条执行路径不被执行,如图 1-5 所示。

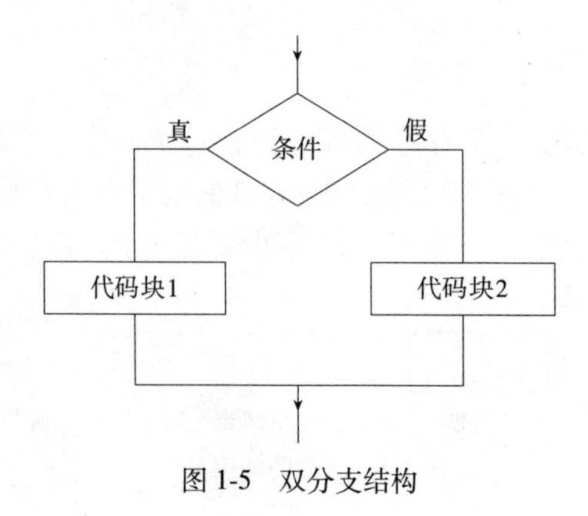

图 1-5 双分支结构

1.4.4　循环结构流程图

循环结构是根据判定条件反复执行循环体的一种结构,其有两种形式:一种是首先对条件进行判断(也称当型循环),当条件为真时,反复执行循环体,直到条件为假终止循环;另一种是首先执行循环体,再对条件进行判断(也称直到型循环),若条件为真,则反复执行循环体,一旦条件为假,则结束循环。在第一种形式中,循环体有可能一次都不会被执行,而在第二种形式中,循环体至少会被执行一次。需要说明的是,在循环结构中,必须要有使判断条件趋向于假值的语句,否则会形成死循环,导致程序无法正常终止,造成出现死机现象。

循环结构适用于某段算法需要重复执行的情况,它可以极大地减少源代码的书写量,对于大量数据按照相同算法的处理情况非常方便。

循环结构的两种形式如图 1-6、图 1-7 所示。

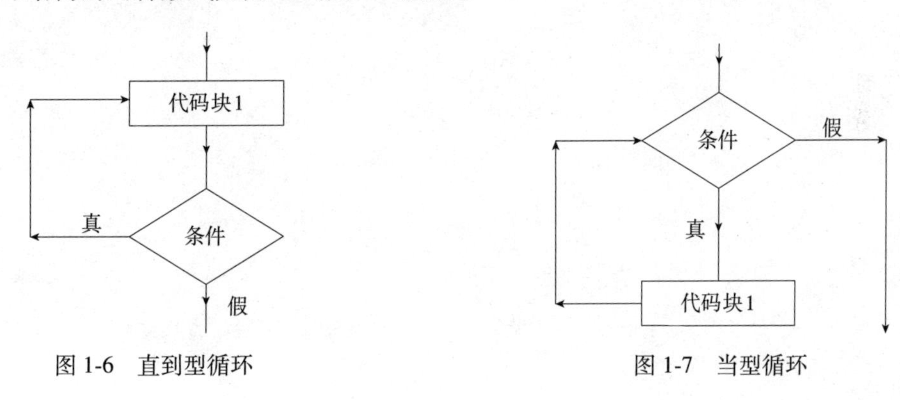

图 1-6　直到型循环　　图 1-7　当型循环

1.5　如何学好程序设计

许多初次学习程序设计的同学都有这样的感受:程序设计课程的各种概念、语法、语句和例题都能听懂,也能看明白,可是一旦让自己动手编写程序,总是不知道从哪下手。究其原因还是没有深刻理解程序语句的执行过程与编写程序必须根据实际问题控制程序的执行流程(程序的流程控制需要依靠程序设计语言中相应的控制语句);另外,编写程序不仅要掌握程序设计语言的知识,还需要相关的专业知识,尤其是数学中的相关知识。例如,若不知道正方形的对角线的数学计算公式,前面的算法肯定写不出来,也更谈不上写代码了。

为了让同学们快速入门,在最短时间内能够掌握一门程序设计语言,编写一些简单的程序,在此给出以下建议:

(1)打牢基础。要深刻理解并掌握程序设计语言中的基本概念、语法规则、控制语句、数据类型、表达式的书写方法。

(2)多阅读程序。阅读程序是学习程序设计语言最好、最快的入门方法。对没有学过任何程序设计语言的初学者,还是要先阅读教程,然后再仔细研读示例程序,不仅要弄明白示例程序中每条语句的作用,更重要的是要从总体上理解并掌握示例程序的设计思路与编程技巧。

(3)多动手实践。读懂别人写的程序,并不意味着自己就可以写出代码。初学者一是要多做验证性练习,按照教材上的程序示例将程序输入计算机,运行一下程序,然后认真思考每一条程序语句的作用,直至完全弄明白;二是要多做模仿练习,对现有程序进行简单的修改

(开始时建议只修改一个地方,然后逐步修改多处),然后再运行一下程序,仔细观察程序的运行结果发生了什么变化,并认真分析结果发生变化的原因,从而加深对每条语句乃至每个知识点的理解;三是独立编写程序,可以找一些编程题目,先在纸上把程序写出来,然后再输入计算机进行调试运行。

(4)不断提升算法设计能力。算法是程序设计的灵魂,程序设计归根结底就是算法设计,只有设计出优良的算法,才能写出良好的程序。建议初学者务必熟练掌握一些常用算法,如排序算法、查找算法,然后再针对具体问题设计算法,以此不断提高自己的算法设计能力和逻辑思维能力。

第2章
Python 语言概述

学习目标

1. 了解 Python 的发展历史。
2. 学会搭建 Python 开发环境。
3. 理解 Python 程序的运行方式。
4. 掌握使用 IDLE 编写代码。
5. 掌握 Python 程序的书写方式。

知识导图

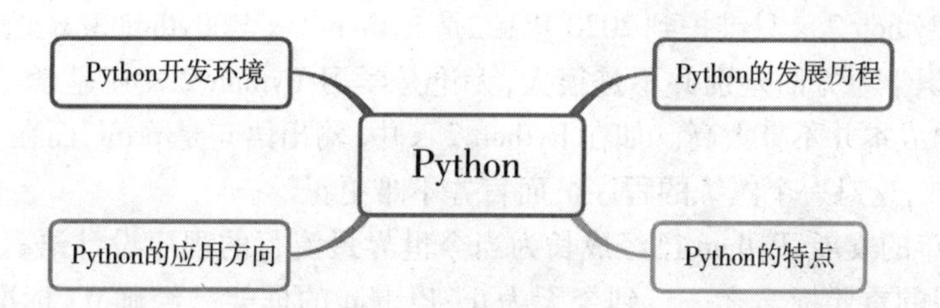

Python 语言是一种跨平台、开源、免费的面向对象、解释型程序设计语言，最初被设计用于编写自动化脚本（shell），随着其不断地发展，越来越多地被用于独立的、大型项目的开发。

2.1 Python 的发展历程

荷兰程序员 Guido van Rossum 希望有一种语言既像 C 语言那样，能够全面调用计算机的功能接口，又能像 shell 那样，可以轻松编程。1989 年，Guido 为了打发圣诞节的无趣，决心开发一个能够满足自己设想、新的脚本程序，于是就诞生了 Python。之所以选 Python 作为该编程语言的名字，是因为 Guido 是英国电视连续剧《蒙提 · 派森的飞行马戏团》(*Monty Python and the Flying Circus*)的喜爱者。

Python 的第一个公开发行版于 1991 年发布，它用 C 语言实现，并能够调用 C 语言编写的库文件。从一开始，Python 已经具有了类、函数、异常处理，并且包含列表和字典在内的核心数据类型，同时还有以模块为基础的拓展系统。1994 年 1 月，Python 1. 0 发布，增加了 lambda、map、filter and reduce；2000 年 10 月发布的 Python 2. 0 加入了内存回收机制，构成了现在 Python 语言的框架基础；2010 年 7 月，Python 2. 7 发布，它是 Python 2. x 系列的最后一个版本；2008 年 12 月，Python 3. 0 发布，它的内部采用面向对象的方式实现，并在语法方面做了很多重大改变。Python 3. 0 在设计时并未考虑向下兼容的问题，因此，在早期版本上设计的许多程序都无法在 Python 3. 0 上正常运行。

到底应该选择 Python 2. x 还是 Python 3. x 进行学习，目前还存在一定的争议，主要的原因是目前使用 Python 2. x 开发的系统数量远胜于使用 Python 3. x 开发的系统数量，短时间内难以将这些系统升级到 Python 3. x。但建议初学者可以从 Python 3. x 开始学习，一是从 Python 官方计划来看，Python 2. x 只维护到 2020 年；二是 Python 2. x 与 Python 3. x 虽然有许多不同之处，但在基础知识学习方面差别并不是很大，无论是学习 Python 2. x 还是学习 Python 3. x，在两者之间切换的成本并不算太高。如在 Python 2. x 中，输出语句是 print，而在 Python 3. x 后则使用 print( ) 函数，这对一个熟练的程序员而言并不难更正。

经过近 30 年的发展，Python 已经成长为当今世界最流行的程序设计语言之一，这是当代计算机技术发展的重要标志之一。到今天为止，Python 的框架已经确立，标准库体系已经稳定，尤其是其丰富的生态体系，有着大量成熟稳定的第三方库，使得编程更加容易，但它依然是一个发展中的程序设计语言，有着让人更加期待的未来。

2.2 Python 的特点

Python 的设计哲学是优雅、明确、简单，提倡开发者“用一种方法，最好是只用一种方法来做一件事”。当开发一个软件面临多种选择时，开发者一般会拒绝花哨的语法，而选择明确的或者很少有歧义的语法。从使用者的角度看，Python 具有以下特点：

(1)简单易学。Python 的语法很简单，初学者可以轻松上手，并且书写的程序很容易阅读。

(2)开源免费。使用 Python 进行开发和发布自己编写的程序，都是免费的，也不用担心版权问题，即使作为商业用途也是免费的。

(3)可移植性高。由于它具有开源性，因此 Python 可以在各种平台上运行，如果在编程时，能够避免系统依赖的特性，那么开发的程序无需任何修改就可以在多种平台上运行。

(4)高级语言。Python 语言不依赖于任何硬件系统,属于高级程序设计语言。使用 Python 编写程序时,无需考虑一些底层细节方面的问题,如内存管理。

(5)解释型语言。计算机并不能直接执行高级程序设计语言编写的程序代码,只能执行机器语言(指令)。因此,使用高级语言编写的程序必须翻译成机器语言,翻译的方式我们可以分为编译方式和解释方式。编译方式将源程序一次翻译成计算机可以直接辨认的可执行文件,而解释方式则在程序运行时依靠解释器一条语句一条语句地进行翻译。编译方式生成的可执行文件是针对特定操作系统和硬件的,当更换系统时,必须重新编译,而解释型语言的程序是在运行过程中才被翻译的,所以,只要已经安装了解释器,源程序不需要重新编译。

(6)面向对象。Python 既支持面向过程编程,也支持面向对象编程。在面向过程的语言中,程序是由许多函数构建起来的;而在面向对象的语言中,程序是由数据和功能组合而成的对象构建起来的。

(7)可扩展性和可嵌入性。Python 提供了许多的应用程序接口和工具,可以轻松使用其他语言来编写扩充模块,所以,Python 语言也被称为"胶水语言"。同时,它也可以嵌入其他语言的程序中,从而为其他语言提供脚本功能。

(8)功能强大。Python 具有丰富且功能强大的标准库和第三方库,可以实现字符串、数据库、图形图像、网络、线程、浏览器等方面的处理功能。

2.3　Python 开发环境

在任何软件开发前,都需要先搭建开发环境,也就是安装开发过程中所需要的各种开发工具,如编译环境或解释环境、数据库系统、所需要的第三方软件包、配置环境参数等。对于众多的程序设计语言,一般都会有一个集成的开发环境(IDE, integrated development environment),它是集代码编辑器、编译器、调试器和图形用户界面于一体的一套软件。

在 Windows 操作系统下,搭建基础的 Python 环境非常简单,一般只需要下载 Python 软件,然后安装即可。

2.3.1　Python 的安装

Python 程序运行的必备条件是 Python 解释器,它是一个轻量级的软件,界面如图 2-1 所示。

在编写本书时,Python for Windows 的最高版本为 Python 3.8.1。读者在下载时,可以在网站中找到如图 2-2 所示的多个版本,选择自己所需要的版本进行下载。选择 Python 版本时,一是要选择对应操作系统的 Python,二是要根据实际需要选择合适的 Python 版本。建议选择 Python 3.x 系列的高级版本。但这并不意味着最高版本就是最好的,因为最高版本在稳定性上还往往需要提高。

安装 Python 时会有一个"Add Python 3.x to PATH"的选项(图 2-3),建议一定要勾选此项,这样可以在系统的任何目录下运行 Python 程序,否则,由于系统找不到解释器,只能切换到 Python 的安装目录或完整书写解释器的路径才能运行程序。另外,建议读者选择自定义安装目录(Customize installation),这样会更加符合个性化的安装需求。

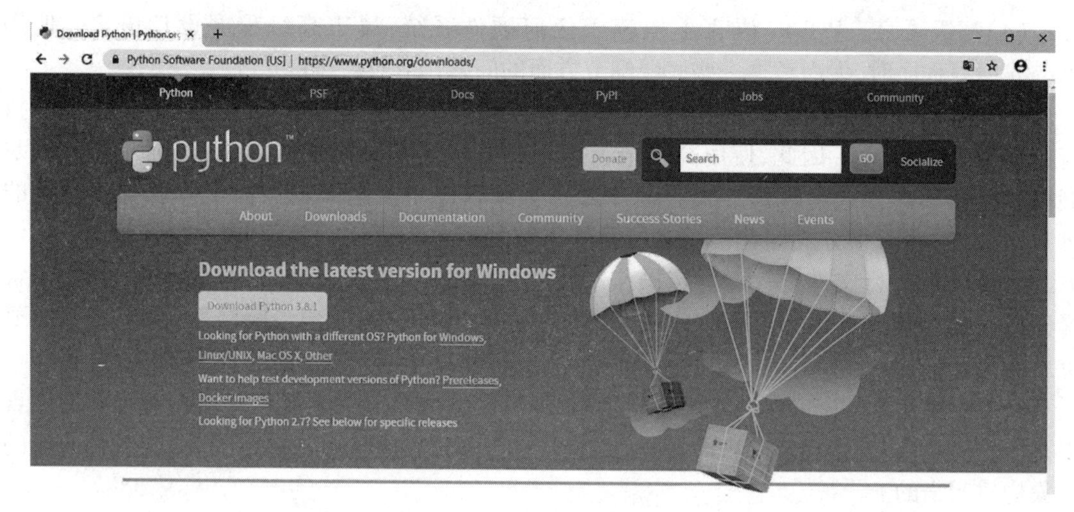

图 2-1　下载 Python 界面

Looking for a specific release?

Python releases by version number:

Release version	Release date		Click for more
Python 3.8.1	Dec. 18, 2019	Download	Release Notes
Python 3.7.6	Dec. 18, 2019	Download	Release Notes
Python 3.6.10	Dec. 18, 2019	Download	Release Notes
Python 3.5.9	Nov. 2, 2019	Download	Release Notes
Python 3.5.8	Oct. 29, 2019	Download	Release Notes
Python 2.7.17	Oct. 19, 2019	Download	Release Notes
Python 3.7.5	Oct. 15, 2019	Download	Release Notes
Python 3.8.0	Oct. 14, 2019	Download	Release Notes

View older releases

图 2-2　Python 版本列表

图 2-3　Python 安装

成功安装的 Python 包含两个重要工具：

(1)IDLE(intergrated development and learning environment)。它是 Python 集成开发与学习环境,它用来编写和调试代码、运行程序。

(2)pip。它是一个通用的 Python 包管理工具,可以方便地下载、安装、卸载、查看第三方库,其详细使用方法将在第 11 章介绍。

2.3.2　IDLE 简介

程序源代码多数情况下都是以纯文本形式存放的,因此,编写程序代码理论上可以使用任何文本编辑器(如记事本)编写程序。但用这种方式编写程序后,需要手工执行编译器或解释器对源代码进行编译或解释,程序员需要不断地在编辑器与编译器或解释器之间进行切换,直接影响开发效率。因此,一般我们会采用程序设计语言自带的或第三方提供的 IDE(integrated development environment,集成开发环境)工具进行开发。虽然有些 IDE 工具能够支持多种程序设计语言,但目前还没有一款 IDE 工具能够支持所有的程序设计语言,读者在选择 IDE 工具的时候必须要考虑其支持的语言种类。

PyCharm 是一款不错的 Python IDE 工具,具有代码调试、语法高亮、项目管理、代码跳转、智能提示、自动完成、单元测试、版本控制等功能。但由于其为英文版的收费软件,使用门槛较高,建议初学者在适当的情况下采用。

Python 自带的 IDLE 集成开发工具完全可以满足初学者的学习需求。它同样提供了语法高亮显示、自动缩进、单词自动完成、命令历史记录等功能。

语法高亮显示就是将不同的元素使用不同的颜色进行显示。默认情况下,Python 3.x 关键字显示为橘红色,注释显示为红色,字符串显示为绿色,内置函数显示为紫色,解释器的输入为黑色,控制台输出为蓝色。

以 Windows 为例,在开始菜单中搜索到 IDLE 后,直接运行它,就可以打开 Python 交互式运行环境,如图 2-4 所示。此环境主要用于调试或测试 Python 单独的程序语句,它不能保存编写过的代码语句。要保存编写的代码,可以使用“File→New File”或“Ctrl+N”快捷键打开代码编辑器,如图 2-5 所示。在该界面中,可以输入程序代码,最终保存为 Python 文件。

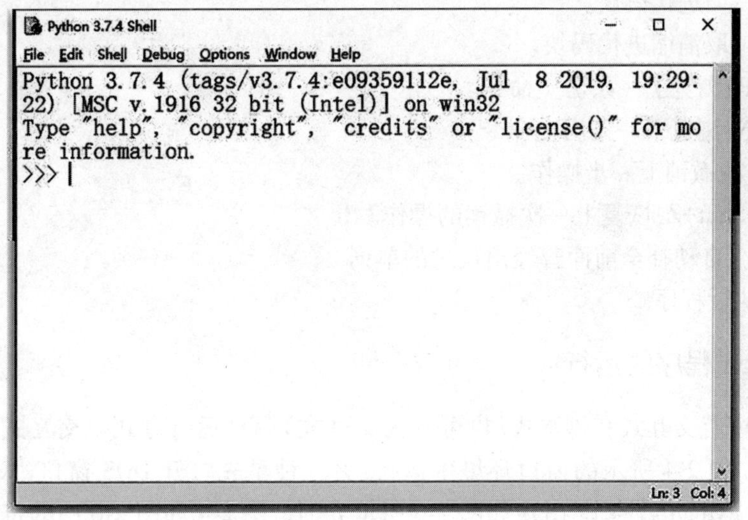

图 2-4　交互式 Python 运行环境

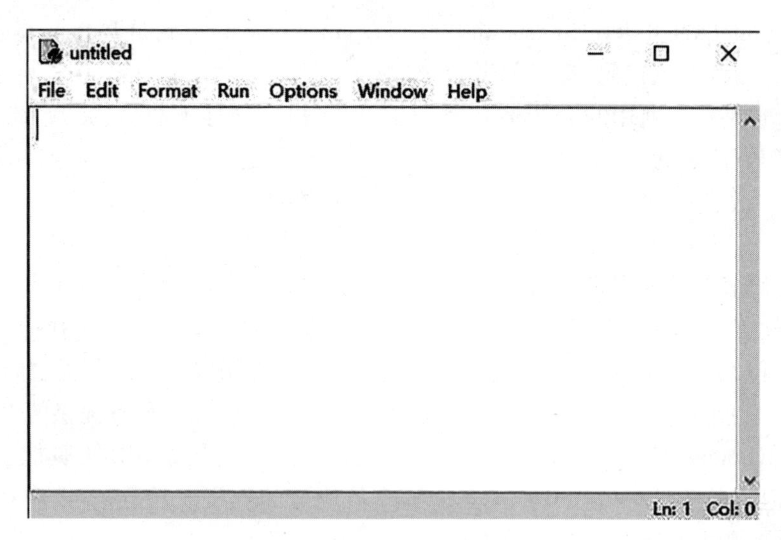

图 2-5 Python 编辑器

对大量使用键盘输入的人来说,使用快捷键代替鼠标操作会更加方便、快捷。需要注意的是,许多软件都有快捷键,同一台计算机中如果同时运行了多个软件,而这些软件的快捷键又都相同,就会造成冲突。在这种情况下,可以关闭暂时不需要的软件,也可以通过修改快捷键以避免冲突。下面介绍几个 IDLE 中常用的快捷键:

(1)Ctrl+N:启动 IDLE 编辑器,并新建文件。

(2)Ctrl+S:保存文件。

(3)Ctrl+O:打开文件。

(4)Ctrl+Q:退出 IDLE 或 IDLE 编辑器。

(5)Alt+3:在编辑器内,注释选定文本。

(6)Alt+4:在编辑器内,解除选定文本的注释。

(7)Alt+Q:在编辑器内,将代码进行格式化布局。

(8)Ctrl+]:缩进代码块。

(9)Ctrl+[:取消缩进代码块。

(10)Alt+P:浏览上一条历史命令。

(11)Alt+N:浏览下一条历史命令。

(12)Ctrl+Z:撤销上一步操作。

(13)Ctrl+Shift+Z:恢复上一次撤销的操作。

(14)Alt+/:自动补全前面曾经出现过的单词。

(15)F5:执行程序。

2.3.3 Python 程序的运行

Python 程序有交互式和脚本式(也可称为文件式)两种运行方式。交互式有两种运行方法,一种是在如图 2-4 所示的窗口环境中运行,另一种是先打开 DOS 窗口(Windows 命令窗口),然后输入 Python 后回车,出现如图 2-6 所示界面。图 2-4 和图 2-6 中的符号“>>>”是命令提示符,在其后输入 Python 语句后回车,解释器会立即对该语句进行解释。脚本式是将要执行的语句全部写在文件中,最后以扩展名“.py”进行保存。脚本文件的执行也有两种方法,一种是在DOS窗口中输入“Python文件名.py”执行文件,文件名前面的Python表示调用Python解释器对后面的文件内容进行解释;另一种是在已打开的如图2-5所示的编辑器中按F5键或选择“Run→Run Module”菜单启动解释器批量执行文件中的代码。交互式适用于调试少量代码,绝大多数情况下都是使用文件式编写程序。

图2-6和图2-7演示了交互式执行Python语句。

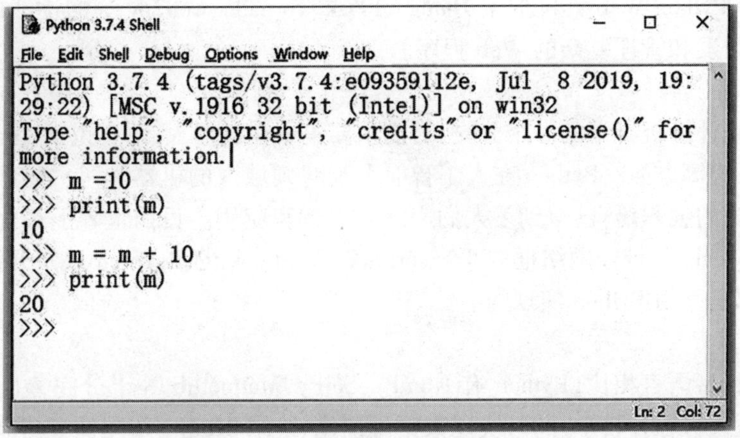

```
Python 3.7.4 Shell
File Edit Shell Debug Options Window Help
Python 3.7.4 (tags/v3.7.4:e09359112e, Jul  8 2019, 19:
29:22) [MSC v.1916 32 bit (Intel)] on win32
Type "help", "copyright", "credits" or "license()" for
more information.
>>> m =10
>>> print(m)
10
>>> m = m + 10
>>> print(m)
20
>>>
Ln: 2 Col: 72
```

图2-6　Python IDLE环境下交互式运行

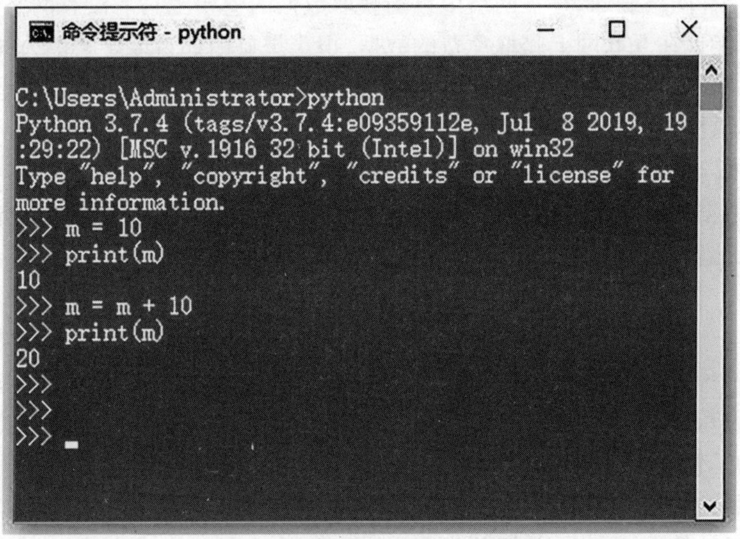

```
命令提示符 - python
C:\Users\Administrator>python
Python 3.7.4 (tags/v3.7.4:e09359112e, Jul  8 2019, 19
:29:22) [MSC v.1916 32 bit (Intel)] on win32
Type "help", "copyright", "credits" or "license" for
more information.
>>> m = 10
>>> print(m)
10
>>> m = m + 10
>>> print(m)
20
>>>
>>>
>>> _
```

图2-7　DOS模式下交互式运行

没有“>>>”的行表示语句的执行结果,输入exit()或quit()可以退出交互环境。

2.4　Python的应用方向

1. 自动化运维

在很多操作系统中,Python都是标准的系统组件,它能满足绝大部分自动化运维的需求。

使用 Python 编写的系统脚本，无论是可读性，还是性能以及可扩展性方面，都优于普通的 shell 脚本。Python 已经成为运维工程师的首选编程语言。如大名鼎鼎的 Saltstack 和 Ansible 自动化运维平台都是使用 Python 开发的。

2. Web 应用开发

Web 应用是一种用户只需浏览器而不需要安装其他软件即可使用的应用系统，是目前软件系统开发的主流方向。尽管 JS、PHP 仍然是 Web 开发的主流语言，但 Python 的上升势头更强，尤其是随着 Python Web 开发框架 Django、Flask、Tornado、web2py 等的逐渐成熟，程序员可以更加轻松地开发和管理复杂的 Web 程序。

3. 人工智能

人工智能是计算机科学的一个分支，目前主要集中在机器人、语言识别、图像识别、自然语言处理、专家系统等方面。Python 在人工智能大范畴领域内的机器学习、神经网络、深度学习等方面都是主流的编程语言，得到了人们广泛的支持和应用。目前世界上最优秀的人工智能学习框架，如 Google 的神经网络框架 TransorFlow、FaceBook 的 PyTorch 以及开源社区的 Karas 神经网络库，都是使用 Python 实现的。

4. 科学计算

与其他解释型语言相比，Python 有 NumPy、SciPy、Matplotlib 等十分完善而优秀的第三方库，可以方便地进行各种科学计算，实现数据可视化、绘制 2D 和 3D 图像等功能。

5. 网络爬虫

网络爬虫也称网络蜘蛛，是在网络中自动获取数据的重要工具。没有网络爬虫自动地、不分昼夜地、高智能地在互联网上爬取免费的数据，很难想象诸如百度之类的公司如何为广大用户提供高质量的服务。能够编写网络爬虫的编程语言有不少，但 Python 绝对是其中的主流之一，其 Scripy 爬虫框架应用非常广泛。

6. 数据分析与处理

Python 是数据分析与处理的主流语言之一，在对数据进行清洗、去重、规格化和针对性的分析方面，有着比较完善的数据分析生态系统，尤其是在证券行业做数据分析，Python 是必不可少的。

7. 云计算

云计算是一种新兴的商业计算模型，我们可以简单地将它理解为一种服务能力模型。在这种模型下，用户只需要购买所需要的服务，而不需要关心服务提供者是如何提供服务的。例如，目前流行的云盘服务，用户只需要购买和使用云盘，而云盘所需要的服务器、数据安全、供电等运行环境用户都不需要考虑。

Python 在云计算方面具有良好的发展前景，开源云计算解决方案 OpenStack 就是基于 Python 开发的。

Python 的应用领域非常广泛，几乎所有大中型互联网企业都在使用 Python 完成各种各样的任务，如国外的 Google、YouTube、Dropbox，国内的腾讯、百度、阿里、淘宝、美团等。以上仅仅介绍了 Python 的部分应用领域，其他还有桌面软件开发、游戏开发、网络编程、数据库编程等，有兴趣的读者可以自行搜索资料进行详细了解。

习 题

一、选择题

1. Python是一种(　　)类型的编程语言。

A. 机器语言　　B. 解释　　C. 编译　　D. 汇编

2. 关于Python版本,以下说法正确的是(　　)。

A. Python 3.x是Python 2.x的扩充,语法方面无明显改进

B. Python 3.x向下兼容Python 2.x

C. Python 2.x和Python 3.x一样,依旧不断发展与完善

D. 以上说法都错误

3. 在IDLE中,“>>>”符号是(　　)。

A. 文件输入符　　B. 命令提示符　　C. 程序控制符　　D. 运算符

4. 以下关于Python语言说法错误的是(　　)。

A. Python是由Guido van Rossum设计并领导开发的

B. Python是由PSF(Python软件基金会)所有,这是一个商业组织

C. Python提倡开源、开放的理念

D. Python是完全免费的,不存在商业风险

5. 以下关于程序源代码文件说法错误的是(　　)。

A. 程序源代码是一种二进制文件

B. 程序源代码是一种纯文本文件

C. 可以使用任何文本编辑器书写

D. Python程序源代码文件的扩展名是“.py”

6. 关于Python语言说法正确的是(　　)。

A. Python是一种解释型程序设计语言

B. 用Python编写的程序可移植性很低

C. Python语言不支持面向对象编程

D. Python语言对操作系统的依赖性很强

7. 下面关于Python语句的运行说法正确的是(　　)。

A. Python语句只能以交互方式运行

B. Python语句只能以文件方式运行

C. Python语句能以交互式和文件式两种方式运行

D. Python语句既不能以交互方式运行,也不能以文件方式运行

8. 以下关于交互式运行说法错误的是(　　)。

A. 在交互式环境下输入Python语句后回车,该语句立即被解释执行

B. 在交互式环境下书写的语句不能被直接保存

C. 交互式运行方式不需要调用Python解释器

D. 以上说法都不对

9. 以下关于 IDLE 说法错误的是(　　)。
   A. IDLE 是 Python 自带的集成开发环境
   B. IDLE 的中文名称是集成开发与学习环境
   C. IDLE 具有语法高亮显示功能
   D. 以上说法都不对
10. 以下关于 IDLE 语法默认高亮显示说法错误的是(　　)。
   A. 关键字显示为紫色　　B. 注释显示为红色
   C. 字符串显示为绿色　　D. 控制台输出为蓝色

二、简答题

1. 简述 Python 的特点。
2. 简述 Python 的应用方向。
3. 简述解释型程序设计语言与编译型程序设计语言之间的区别。
4. 简述 Python 程序的运行方式。

参考答案

第3章 Python 语言基础

学习目标

1. 掌握 Python 语言的语法规则。
2. 掌握 Python 中标识符的定义规则。
3. 掌握 Python 中的关键字。
4. 掌握变量的创建与使用。
5. 理解可变数据类型与不可变数据类型之间的区别。
6. 理解数据运算符的作用并掌握运算符的优先级。
7. 熟练掌握表达式的构造方法。
8. 能够熟练使用输入与输出函数。
9. 能够组合使用变量、数据类型、表达式书写简单程序。

知识导图

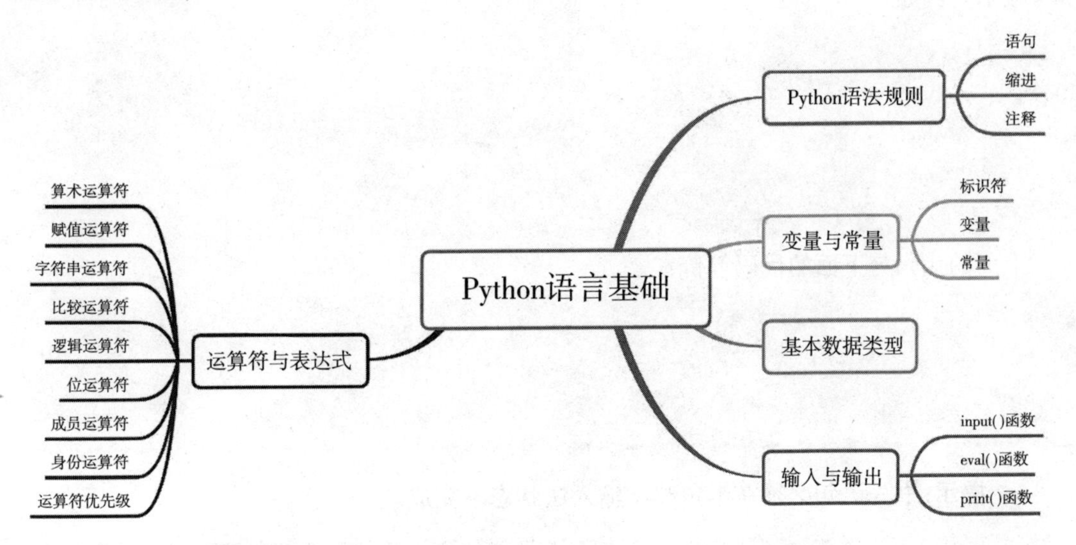

学习一门程序设计语言最基本的就是要掌握语言的基本知识，主要包括语法规则、数据类型、表达式、控制结构以及一些基础功能函数。在此基础上，编写以数据为中心的程序代码从而解决实际问题是学习的最终目标。

3.1 Python 语法规则

3.1.1 语句

程序都是由一条条语句组成的，一条语句会被解释程序或编译程序翻译成一条或多条计算机指令。在任何程序设计语言中为了保证程序的清晰、可读，通常一行只写一条语句。例如：

```
>>> print('Hello Python')
Hello Python
>>> print('我的第一个程序')
我的第一个程序
>>>
```

Python 语句可以没有结束符，书写一条语句后直接键入回车即可，也可以在书写一条语句后键入分号（;）表示一条语句的结束。由于 Python 是靠换行区分代码语句的，所以一般在写程序的过程中尽量不要使用分号。当然，如果一行要写多条语句，那么除最后一条语句外，每条语句后必须要使用分号。

【例 3-1】一行书写多条语句。

```
>>> print('Hello Python');print('我的第一个程序');print('I am Python')
Hello Python
我的第一个程序
I am Python
>>>
```

如果一条语句很长，或为了确保语句的上下对齐，可以使用斜杠（\）将一条语句分为多行书写显示。例如：

```
>>> 'I'+\
    'am'\
    +'Python'
'I am Python'
>>>
```

上面的代码与下面的代码等价：

```
>>> 'I am Python'
'I am Python'
>>>
```

提示：书写语句必须在半角英文输入法状态下完成。

3.1.2 缩进

Python 是使用缩进（空白）对齐来表示代码块逻辑的，它反映的是一种隶属关系。同一段代码块必须具有相同的缩进,不同段代码块缩进的空白数可以不相同,缩进结束表示一个代码块结束。

缩进可以使用空格,也可以使用 Tab 制表符。为了保持良好的程序书写风格,层级相同的代码块应该使用相同的缩进,建议每层缩进的空格数以 2 个空格数、4 个空格数或 1 个 Tab 制表符为单位。一般情况下使用 4 个空格缩进,尽量不要使用制表符,因为制表符在不同的系统中产生的缩进量可能会不同。

在 Python 中,第一层级的代码必须顶格书写,即没有缩进,或者说缩进为 0。

【例 3-2】正确的缩进方式。

```
m=eval(input('请输入 m 的值:'))
n=eval(input('请输入 n 的值'))
if m>n:
    print('m 大于 n')
else:
    print('m 小于 n')
```

在本例中,两个 print 语句属于第二层级,其他语句都属于第一层级。第一层级都是顶格书写的,第二层级缩进了 4 个空格的位置。

【例 3-3】错误的缩进方式。

```
m=eval(input('请输入 m 的值:'))
    n=eval(input('请输入 n 的值'))
if m>n:
    print('m 大于 n')
else:
    print('m 小于 n')
```

在本例中,第二条语句从上下代码来看,它与第一条语句没有从属关系,应该是属于同一代码段的同一层级,但在书写语句过程中进行了缩进,因此,系统会出现“unexpected indent”的语法错误提示信息,意思是缩进不对。

需要注意的是,虽然隶属于不同代码块相同层级的缩进可以不同,但建议无论是否为同一代码段,若层级相同,缩进数也应该相同,不能随意设置。如下面代码中第一个 print 语句缩进了 4 个空格的位置,而第二个 print 语句缩进了 8 个空格的位置,代码虽然可以正常执行,但第二层级的缩进风格不同,这种情况要尽量避免。

```
m=eval(input('请输入 m 的值:'))
n=eval(input('请输入 n 的值'))
if m>n:
    print('m 大于 n')
else:
    print('m 小于 n')
```

3.1.3 注释

为了提高程序代码的可读性,便于他人阅读和日后维护,在程序中往往需要加入注释语句。注释语句的主要作用就是说明关键代码的作用或者代码块的功能。注释语句不会被翻译成计算机指令,即它不会被执行。注释可分为单行注释和多行注释。

1. 单行注释

在 Python 中,用井号(#)标记的语句或文字就是单行注释,在代码中“#”号及其右边的数据都会被认为是注释。例如:

```
print('输出语句') #打印输出
```

这条语句在执行的时候,“#”号及其右边的内容不会被执行。

2. 多行注释

有些情况下,注释语句很长,一行写不完,或者需要把多条代码语句注释掉,这时就需要使用多行注释。Python 中使用一对三个单引号(''')或者一对三个双引号(""")将注释括起来。例如:

```
'''
这是注释语句
使用了三个英文单引号
'''
print('Hello World')
"""
这是注释语句
使用三个了英文双引号
"""
print('Hello Python')
```

注释也常被程序员用于调试程序。当程序员不确定某段代码是否产生错误运行或者想重写某段代码而又不想直接删除的时候,常常先用注释语句把相应的代码注释掉,待代码完善后再整理注释语句。

3.2 标识符、变量与常量

3.2.1 标识符

在程序设计语言中,标识符是一个特定的字符串,用以对程序中的某一对象或元素命名。在各类程序设计语言中,对标识符的使用都有相应的规则。Python 中使用标识符必须遵循如下规则:

- 标识符由子母、数字、下画线组成。
- 标识符第一个字符必须是字母或下画线,不能是数字。
- 标识符有大小写之分,如 source 与 Source 是两个不同的标识符。
- 标识符不能使用 Python 的关键字和保留字。

另外,为了保证代码的可读性,便于以后的代码维护,标识符的命名还应遵循见名知意的原则,但这个原则不是必须的,也就是说,标识符的命名即便没有遵循见名知意的原则,程序代码也可以正常运行。

1. 标识符的命名方法

在进行程序编码的过程中,为了便于今后程序代码的维护及方便他人阅读,我们对标识符的命名往往会遵循见名知意的原则,但多数情况下仅靠一个单词进行描述不足以满足这一原则,于是就出现了匈牙利法和驼峰法的标识符命名规范。

(1)匈牙利命名规范。匈牙利命名法是微软推广的一种命名规范,是一种以前缀为基础的命名方法,它的基本原则是:标识符名=属性+类型+对象描述。其中,每一对象的名称都要有明确的含义,可以使用对象名字的全称或名字的一部分,但要容易记忆和理解。匈牙利命名规范是最有名也是最有争议的一种命名方法,但笔者认为其属性部分还是非常有用的。比如,在阅读程序代码时,很难识别出标识符的作用范围,经常用上下文查找的方法,非常不方便。如果在标识符中加入代表其作用范围的属性,无疑会提高代码的可读性。

属性部分一般有以下几种:

g_:表示全局变量。

c_ :表示常量。

m_ :表示类成员变量。

s_ :表示静态变量。

(2)骆驼式命名法。骆驼式命名法又称驼峰命名法,就是以单个或多个单词组成变量或函数的唯一标识符。它又可以分为小驼峰法和大驼峰法(也称帕斯卡命名法)。小驼峰法采用第一个单词以小写字母开始,第二个及后面的单词每个单词的首字母都要大写;大驼峰法与小驼峰法类似,只是变量名的第一个字母也要大写。小驼峰法一般用来对变量进行命名,大驼峰法主要用于对函数名、类名、属性、命名空间等进行命名。例如,firstName、lastName 采用的是小驼峰式命名法,FirstName、LastName 采用的是大驼峰式命名法。

不管使用何种命名方法都是为了便于记忆和提高代码的可读性,每种命名规范都有自己的优点和缺点,因此,在具体编码过程中建议根据具体情况综合使用命名方法,不能一味只使用一种命名方法。

2. 关键字

在程序设计语言系统中已经定义且有特定含义的标识符称为关键字。关键字都有特殊用途和作用,用户可以直接使用。另外,考虑到扩展的需要,有的程序设计语言中还有部分关键字不能被使用,这些关键字又称为保留字。用户自定义标识符不能与关键字重复,否则会造成冲突,而导致程序无法正常运行。不同程序设计语言的关键字不尽相同,Python 2. x 与 Python 3. x 中的关键字也不完全相同。Python 3. x 中的关键字及其作用如表 3-1 所示。

表 3-1　Python 3. x 中的关键字及其作用

关键字	作用
False	布尔型的值,表示假
None	表示什么也没有
True	布尔型的值,表示真

（续）

关键字	作用
and	逻辑与操作符，用于表达式
as	用于类型转换
assert	断言，用于判断变量或者条件表达式的值是否为真
async	用来声明异步函数
await	用来声明程序挂起
break	用于终端循环语句的执行
class	用于定义类
continue	用于退出本次循环
def	用于定义函数或方法
del	用于删除对象
elif	条件语句，需与 if、else 结合使用
else	条件语句，需与 if、elif 结合使用，也可用于异常和循环语句
except	包含捕获异常后的操作代码，与 try、finally 结合使用
finally	用于异常语句，出现异常后，始终实现 finally 包含的代码块，与 try、except 结合使用
for	for 循环语句
from	用于导入模块，与 import 结合使用
global	用于定义全局变量
if	条件语句，与 else、elif 结合使用
import	用于导入模块，与 from 结合使用
in	用于判断是否具有包含关系
is	用于判断变量是否为某个类的实例
lambda	用于定义匿名函数
nonlocal	用于标识外部作用域的变量
not	逻辑非操作，用于表达式中
or	逻辑或操作，用于表达式中
pass	占位符，用于空的类、函数或方法的占位
raise	异常抛出操作
return	用于从函数或方法返回结果
try	包含可能会出现异常的语句，与 except、finaly 结合使用
while	while 循环语句
with	简化 Python 语句
yield	用于从函数一次返回值

提示：在 Python 交互模式下，可以使用 help（' keywords '）来查看关键字。

3.2.2　变量

变量就是在程序运行过程中其值可以变化的量,它与代数中方程的变量是一致的。例如,对于方程 Z=X+Y,X 和 Y 就是变量,当 X=1,Y=2 时,计算结果为 3;当 X=10,Y=20 时,计算结果为 30。在程序设计语言中,变量不仅可以是数字,还可以是任意类型的数据。

在程序设计语言中,可以把变量看成一个小盒子,用它来专门存放程序中需要处理的各种数据,盒子里面的数据可以随着程序的运行发生变化。

从底层来看,无论是程序还是程序处理的数据,最终都要调入内存中。程序中的变量其实就是一段内存的名字,这段内存的大小由数据的数据类型决定。

变量都有一个变量名,其命名规则需要遵循 3.2.1 介绍的标识符的命名规则。

与其他高级语言不同,在 Python 中,变量的值不但可以发生变化,同一变量的数据类型也可以发生变化;另外,Python 中的变量和数据是分开存储的,数据被保存在内存中的某一个位置,变量所对应的内存单元中实际存储的是数据所在的内存地址(也称引用),也就是数据在另外内存单元的起始地址信息。如有一个变量 var,对应的数据是 123,它在内存中的存在形式如图 3-1 所示。

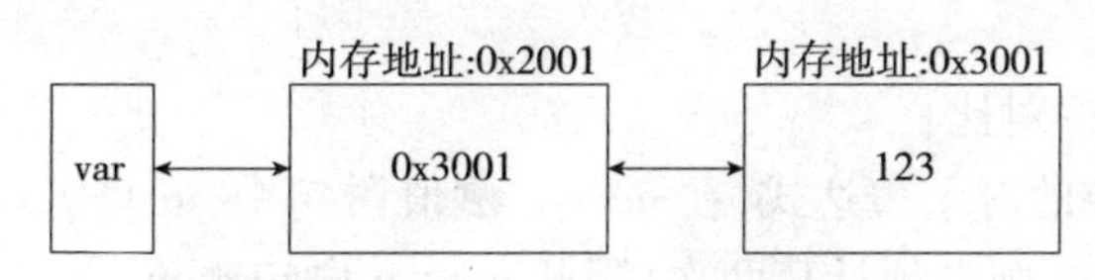

图 3-1　Python 内存中的数据形式

在 Python 中,每个变量在使用前必须先赋值,赋值后变量才会被创建,没有赋值的变量是不能被使用的。

赋值使用等号(=),它是将等号右边的数据赋值给等号左边的变量。Python 的赋值操作在内存中大致分为两个步骤:

第一步:分配一段内存空间用于存放数据;

第二步:在内存中创建变量,并将它指向数据。

Python 有如下几种赋值形式:

1. 基本形式

例如,m=100,赋值时,首先创建数据对象 100,然后将 100 的内存地址放到 m 中。

2. 多目标赋值

例如,a=b=c=100,此赋值语句会将三个变量指向同一个数据对象 100,即三个变量共享了内存中的同一对象。若紧接着执行 a=200 语句,则 a 指向 200,b 和 c 的值不会发生变化。

【例 3-4】多目标赋值。

```
>>> a=b=c=100
>>> print(a,b,c)
100 100 100
>>> a=a+10
>>> print('a=',a)
a=110
```

```
>>> b=b+20
>>> print('b=',b)
b=120
>>> print('c=',c)
c=100
>>>
```

3. 增强赋值

例如,m+=n,其在运算结果上与 m=m+n 等价。

注意:加号(+)与等号(=)之间不能有空格。

【例 3-5】增强赋值。

```
>>> m=100
>>> n=20
>>> m+=n
>>> print('m=',m)
m=120
>>>
```

m+=n 与 m=m+n 的对比:

由于 m 可以是复杂的对象表达式,在 m+=n 赋值语句中,m 只需计算一次,而在 m=m+n 赋值语句中,m 出现两次,则必须计算两次,因此 m+=n 语句比 m=m+n 语句的执行效率要高。

4. 其他赋值形式

Python 中还有其他几种赋值形式,如元组赋值、列表赋值、序列赋值等,这些将在以后的章节中进行介绍。

提示:在程序代码中,很少直接对数据进行操作,而是大量使用变量存储数据;数据一般都是通过从输入设备输入或在文件中读取的,程序对变量的处理实际上就是对数据的处理,这样可以有效避免由于数据的变化而修改源代码,这也是许多人阅读程序感觉比较抽象的原因。

3.2.3 常量

常量是在程序运行过程中其值不能改变的量。在 Python 中并没有专门定义常量的方式,或者说 Python 不能直接声明常量。但在写程序的过程中可能会使用到一些在程序运行中不允许发生变化的常数(如 π 的值)。在这种情况下,一般通过使用变量名全大写的形式表示这是一个常量,但这种方式并没有真正实现常量,其本质还是变量。

Python 定义了 6 个内置常量,分别是 True、False、None、NotImplemented、Ellipsis、_debug_。其中,True 和 False 表示布尔型的真值与假值;None 表示空值(不是空格);NotImplemented 是个特殊值,它能被二元特殊方法返回,表明某个类型没有像其他类型那样实现这些操作,它的实际值为 True; Ellipsis 与省略号的字面意思相同;_debug_用于记录 Python 是否以-o 选项启动,若没有以-o 选项启动,则其值为真值。

3.3 基本数据类型

计算机在处理数据的时候必须要明确知道数据的类型或含义。比如,一个数据 10011,计算机在处理它的时候必须要知道这个数据是十进制的数据、二进制的数据,还是一个字符串,然后才能进行计算。为此,在程序设计语言中,一般都使用数据类型来明确数据的含义,从而消除计算机对数据理解的二义性。

在 Python 中,一个数据的数据类型由系统自动判断,用户不需要明确定义。

Python 中有 7 种标准的数据类型:number(数字型)、string(字符串型)、bool(布尔型)、list(列表)、tuple(元组)、set(集合)、dic(字典)。我们又可以将这些数据类型的数据分为不可变数据类型与可变数据类型两类。其中,数字、字符串、元组型是不可变类型;列表、集合与字典型为可变类型。不可变类型数据意味着数据对象一旦创建,其值不能被修改(类似于一个常量)。例如,若已经创建了一个数字型的变量 var,重新对 var 赋值,系统会重新创建数据对象,新建的数据对象占用的是另一段内存空间,原来的数据对象依然存在,其值没有发生变化;而对于可变数据类型的变量 var 重新赋值,则是对原有数据的操作,其值会发生相应变化。

本章只介绍 number、string、bool 类型,其他数据类型将在第 6 章详细介绍。

提示:Python 采用的是基于值的内存管理模式,即 Python 的变量并不直接存储值,而是存储值的内存地址或引用。

3.3.1 number(数字型)

数字型数据主要用于算术运算,Python 提供了三种数字类型:int(整型)、float(浮点型)和 complex(复数)。

1. int(整型)

整型数据与数学中的整数一致,理论上没有取值范围的限制,可正可负。但由于受系统影响,在 32 位系统中,整数的位数为 32 位,整数的取值范围为 $-2^{31} \sim 2^{31}-1$;在 64 位系统中,整数的位数为 64 位,整数的取值范围为 $-2^{63} \sim 2^{63}-1$。对于大多数运算来讲,这个取值范围已经够大够用了,不用特别在意其取值范围。当然,在一些特殊情况下,整数也可能会出现溢出的情况,即超出取值范围。在 Python 3 版本以后,当出现溢出时,Python 会自动将整数数据转换为长整数(long)型,无论多大数都可正常处理。

一个整型数据可以使用不同的进位计数制来表示,表 3-2 是 Python 中十进制整数 1011 的不同进位计数制的表示方法。

表 3-2 进位计数制

进位计数制	表示方法	说明
十进制	1011	默认

（续）

进位计数制	表示方法	说明
二进制	0b001111110011	以 0b 开头表示二进制数据
八进制	0o1763	以 0o 开头表示八进制数据
十六进制	0x3f3	以 0x 开头表示十六进制数据

提示：十六进制数中的字符没有大小写之分，无论大写还是小写表示的含义都相同；0b、0o、0x 中的 b、o、x 没有大小写之分；0 是数字零不是字母 o。

2. float（浮点型）

浮点型数据与数学中的小数一致，基本没有取值范围限制，可正可负，可以直接使用十进制或科学计数法表示。十进制数形式：由数字和小数点组成，且必须有小数点，如 0.123、1.345、10.567 等；科学计数法形式：如 2.4E5、3.9e-3 等，其中 E 或 e 之前必须有数字，且 E 或 e 后面的指数必须为整数。

在 Python 中，使用 IEEE 754 标准（二进制浮点数算术标准，52M/11E/1S），即 8 字节双精度来存储小数，默认可表达 16~17 位小数。其中，8 字节 64 位存储空间分配了 52 位（52M）来存储浮点数的有效数字，11 位（11E）存储指数，1 位（1S）存储正负号。这实际上是一种二进制版的科学计数法格式。浮点数一个普遍的问题是不能准确地表示十进制数，即使最简单的数学运算也可能会带来不可控的后果，这主要是由于计算机中只能识别二进制数，52 位有效数字看起来很多，但问题是很多十进制小数是有限的，而转换为二进制小数时，就成了无限循环的。如十进制的 0.1 转换为二进制数就成了 0.00011001100110011001……（后面全是 1001 循环），因为浮点数只有 52 位，从第 53 位就舍入了，这样就造成了精度损失。二进制数舍入的规则是“0 舍 1 入”，因此有时候会稍大一点，有时候会稍小一点。如在 Python 交互式环境下执行如下代码：

```
>>> 0.1+0.2
0.30000000000000004
>>>
```

从上面的运行结果来看，0.1+0.2 的计算结果比我们预期的结果要大一点，这在有些场合影响并不大，但在有些场合会造成不可控的后果，例如财务结算，这些误差则不可接受。因此，在实际应用中，应尽量避免在实数之间直接进行相等性测试，而应该以两者之差的绝对值是否足够小作为两个实数是否相等的依据。

实际上，Python 提供的 decimal 模块通过整数、字符串构建 decimal.Decimal 对象可以解决实数精度的问题。关于模块的使用将在后续章节进行介绍，下面的代码仅仅用于演示 decimal 模块的使用。

```
>>> from decimal import Decimal
>>> from decimal import getcontext
```

```
>>>print(Decimal('0.1')+Decimal('0.2'))
0.3
>>>
```

3. complex(复数)

复数是一个实数和一个虚数的组合。在 Python 中,复数用 a+bj 或 a+bJ 的形式表示。a 和 b 是实数,j 或 J 是虚数单位,a 称为复数的实部,b 称为复数的虚部,实数和虚数部分都是浮点数。

在 Python 中,复数的算术运算与数学中的算术运算一致。需要注意的是,复数不能直接比较大小,如 5+4j>2-3j 是错误的。

Python 的复数对象有数据属性,分别是该复数的实部和虚部,分别用 real 和 imag 表示,此外,复数还有 conjugate()方法,它返回该复数的共轭复数对象。

```
>>> z=12+34j
>>> print(z.real)
12.0
>>> print(z.imag)
34.0
>>> print(z.conjugate())
(12-34j)
>>>
```

3.3.2　string(字符串型)

在一个程序中,除了对数据进行算术运算外,还有一类经常需要处理的数据,那就是字符串。字符串不能进行算术运算,但针对字符串的操作非常多,如查找、截取、合并、复制、转换、格式化等。本节只介绍字符串的基本情况,更多详细操作见第 5 章。

Python 中使用英文的一对单引号或一对双引号括起来的数据就是字符串类型的数据。

创建一个字符串很简单,只要为变量分配一个值即可,例如:

```
>>> var1='Hello Python'
>>> var2="Python"
```

Python 本身对字符串长度并没有强制性限制,但考虑到程序的执行效率和计算机的性能问题,建议字符串的长度不应过大。对于较长的字符串可以先保存在文件中,然后按以一定的规则读取文件的方式进行处理。

1. 字符串的索引

字符串是一个有序的字符序列,每个位置上的字符都有一个索引值。索引有正向索引和反向索引之分,若从左向右看,就是正向索引,从右向左看,就是反向索引。在正向索引中,第一个字符的索引值为 0,最后一个字符的索引值为字符串长度-1;在反向索引中,最右面第一个字符的索引值为-1,最左面的字符索引值为字符串的负长度值,如下所示:

从左向右索引	0	1	2	3	4	5	6	7	8	9	10	11
	H	e	l	l	o		P	y	t	h	o	n
从右向左索引	-12	-11	-10	-9	-8	-7	-6	-5	-4	-3	-2	-1

需要注意的是：

(1) Python 不支持单字符类型，单字符在 Python 中也作为一个字符串使用。

(2)字符串"123"与数值 123 是不同的，字符串不能进行算术运算，数值可以进行算术运算。

提示：序列是有先后顺序关系的一组元素，每个元素都有一个编号（称为索引），可通过编号访问它们。在 Python 中，字符串、列表和元组都是序列类型，都有正向索引和反向索引。

2. 转义字符

我们知道，Python 默认情况下会将单引号或双引号当作字符串定义符来进行处理，那么当我们的字符串中必须要使用单引号或双引号时该怎么输入呢？另外，当字符串中需要使用一些特殊字符（如回车、换行符）时又该如何输入呢？为解决这些问题，Python 使用转义字符——反斜杠(\)来将其后紧跟的第一个字符进行转义。也就是在一个字符串中的某个字符前加一个斜线之后，该字符将被 Python 解释为另外一种含义，不再表示本来的字符。表 3-3 给出了 Python 中常用的转义字符。

表 3-3　转义字符

转义字符	描述
\(在行尾时)	续行符
\\	反斜杠符号
\'	单引号
\"	双引号
\a	响铃
\b	退格(Backspace)
\e	转义
\000	空
\r	回车
\n	换行
\v	纵向制表符
\t	横向制表符
\f	换页
\oyy	八进制数，yy 代表字符，例如，\o12 代表换行
\xyy	十六进制数，yy 代表字符，例如，\x0a 代表换行
\other	其他的字符以普通格式输出

下面的代码演示了转义字符的用法：

```
>>> m='I\'mTom'                    #将单引号转义
>>> print(m)
I'mTom
>>> print('hello \nworld')         #包含换行的字符串
hello
world
>>> print('\x41')                  #2位十六进制数对应的字符
A
>>>
```

3.3.3　bool(布尔型)

在计算机科学中,布尔数据类型又称为逻辑数据类型,是一种只有两种取值的数据类型:真值和假值。Python用True和False两个内置常量来分别表示真值与假值。在具体使用中,非零或非空值均为真值,零或空值均为假值,例如:

```
>>> bool('123')
True
>>> bool(123)
True
>>> bool(0)
False
>>> bool(None)
False
>>> bool('')
False
>>>
```

布尔型数据通常用于条件判断和循环语句中,程序会根据判断的结果选择程序执行的路径。在程序中,常用的布尔运算(逻辑运算)一般有与、或、非三种,详细的运算法则将在3.4.1节中详细介绍。

3.4　运算符与表达式

3.4.1　运算符

运算符是用于对操作数进行运算的符号,如在a+b中,a、b就是操作数,“+”就是运算符。不同的运算符具有不同的运算法则。Python中的运算符可以分为算术运算符、赋值运算符、字符串运算符、比较运算符、逻辑运算符、位运算符、成员运算符、身份运算符8类。运算符还可以分为一元运算符和二元运算符。一元运算符的操作数只有一个,二元运算符的操作数有两个。另外,Python还支持三元运算,它是对简单的条件语句的简写,这将在4.3节介绍。

需要注意的是,Python部分运算符作用于不同对象时的含义并不完全相同,使用时要根据操作对象加以区分。例如,运算符“+”既是加法算术运算符、正号,也是字符串、列表、元组合并与连接运算符;运算符“-”既是减法算术运算符、负号,也是集合的差集;运算符“*”既是乘法算术运算符,也是序列重复运算符;运算符"%"既是求余算术运算符,也用于字符串格式化。

1. 算术运算符

算术运算符也就是数学运算符,用于操作数之间的数学计算,比如加、减、乘、除。Python中的算术运算符如表 3-4 所示。

表 3-4 算术运算符

运算符	描述	实例
+	加法运算	1+1 的结果是 2
-	减法运算	6-2 的结果是 4
*	乘法运算	2 * 3 的结果是 6
/	除法运算	9/3 的结果是 3
//	整除运算(向下取整),即返回商的整数部分	8//3 的结果是 2
%	求模运算	10%3 的结果是 1
**	幂运算	2 **3 的结果是 8

在 Python 3. x 中,整除运算和求模运算在对含有负数的操作数进行计算时结果稍有不同。在整除运算中,采取向下取整的法则,即向无穷方向取最接近精确值的整数;在求模运算中,如果两个操作数都是整数,求模与求余没有区别,但当两个操作数一正一负或两个数都是负数时,求模运算遵循如下计算规则:

a%b=a-(a//b) * b

示例:

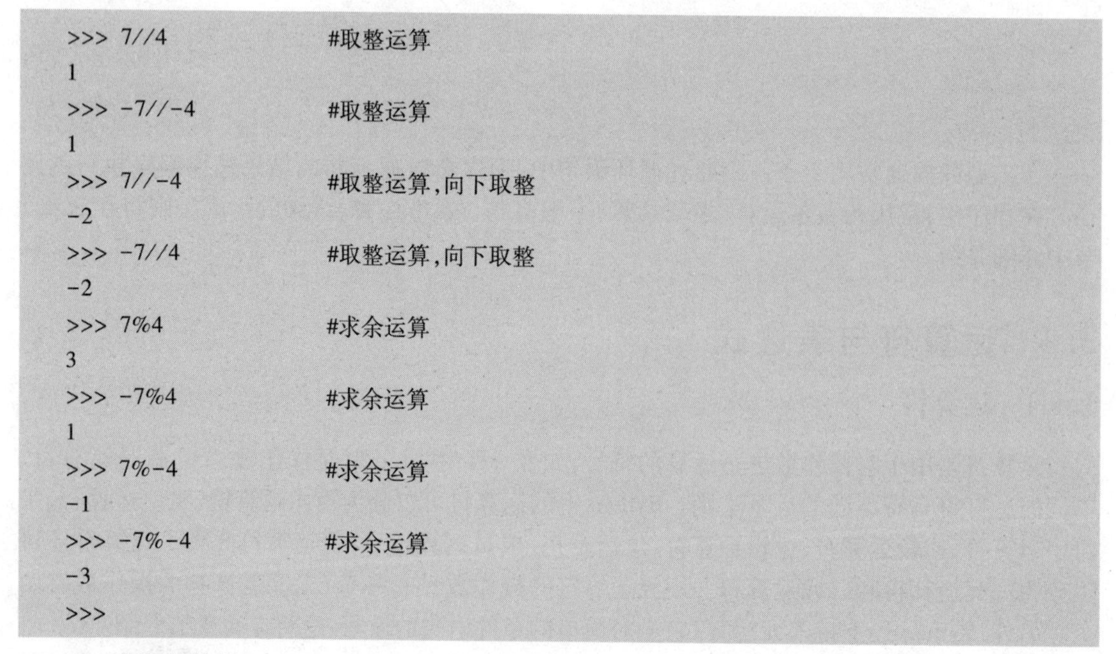

```
>>> 7//4                #取整运算
1
>>> -7//-4              #取整运算
1
>>> 7//-4               #取整运算,向下取整
-2
>>> -7//4               #取整运算,向下取整
-2
>>> 7%4                 #求余运算
3
>>> -7%4                #求余运算
1
>>> 7%-4                #求余运算
-1
>>> -7%-4               #求余运算
-3
>>>
```

2. 赋值运算符

赋值语句中使用的就是赋值运算符,它的作用是将赋值运算符右侧的数据放入运算符左侧的变量中。除了前面介绍的赋值语句外,还可以将算术运算符与基本的赋值运算符等号

(=)组合使用。Python 中的赋值运算符如表 3-5 所示。

表 3-5　赋值运算符

运算符	描述	实例
=	直接赋值	m=9,将 9 赋值到 m 中
+=	先做加法运算再赋值	m+=2 等同于 m=m+2
-=	先做减法运算再赋值	m-=2 等同于 m=m-2
*=	先做乘法运算再赋值	m *=2 等同于 m=m * 2
/=	先做除法运算再赋值	m/=2 等同于 m=m/2
%=	取模运算	m%=2 等同于 m=m%2
**=	幂赋值	m **=3 等同于 m=m **3
//=	整除赋值	m//=3 等同于 m=m//3

3. 字符串运算符

在实际应用中,经常需要对字符串进行遍历、拼接、分割、求子串、格式化等各种操作。Python 中提供的有关字符串运算符如表 3-6 所示。

表 3-6　字符串运算符

运算符	描述
+	字符串连接;将两个字符串连接成一个字符串
*	重复输出字符串
[ ]	通过索引获取字符串中的字符
[:]	截取字符串中的一部分
r/R	原始字符串,即在原始字符串最左侧的引号前加上一个字母 r/R,此时字符串直接按照字面的意思来使用,没有转义特殊字符或不能打印的字符
%	格式字符串

字符串运算符的详细应用将在第 6 章详细介绍。

示例:

```
>>> str1="Python"
>>> str2="程序设计"
>>> str3=str1+str2              #将两个字符串合并成一个字符串
>>> print(str3)
Python 程序设计
>>>str4=str1 *3                 #字符串重复 3 次
>>> print(str4)
PythonPythonPython
>>> str5=str2[2]
>>> print(str5)
设
>>> print( r'Python\n')         #原始字符串,不输出换行符
Python\n
>>>
```

4. 比较运算符

比较运算符也称关系运算符,用于对两个操作数进行比较,比较的结果为布尔值。Python 比较运算符如表 3-7 所示。

表 3-7　比较运算符

运算符	描述	实例
= =	等于运算符,若两操作数相等则返回结果为真,否则为假	若 m=2,n=2 则 m= =n 为 True
! =	不等运算符,若两操作数不相等则返回结果为真,否则为假	若 m=2,n=2 则 m! =n 为 False
<>	不等运算符,与“! =”相同(新版本已经不再使用)	
<	小于运算符,若左面操作数小于右面操作数则返回结果为真,否则为假	若 m=2,n=3 则 m<n 为 True
>	大于运算符,若左面操作数大于右面操作数则返回结果为真,否则为假	若 m=2,n=3 则 m>n 为 False
<=	小于等于运算符,若左面操作数小于或等于右面操作数则返回结果为真,否则为假	若 m=2,n=3 则 m<n 为 True
>=	大于等于运算符,若左面操作数大于或等于右面操作数则返回结果为真,否则为假	若 m=2,n=3 则 m>n 为 False

示例:

```
>>> 10>20
False
>>> 10<20
True
>>> '123'>'12 3'
True
>>> 'abc'>'ef'
False
>>> 'abc'<'ab'
False
>>> '字符串'>'字节'
False
>>>
```

当字符串进行比较运算时,按位比较编码值的大小,如果第一个字符编码相同,就比较第二个,依此类推;如果编码不同,就不再比较后面的字符;如果所有字符编码都相同,则两个字符串相等。

5. 逻辑运算符

逻辑运算符一般用于两个逻辑值之间的运算,在 Python 中,逻辑运算符也可用于非逻辑之间的运算,但这种运算实际上往往是没有意义的。Python 逻辑运算符如表 3-8 所示。

表 3-8　逻辑运算符

运算符	逻辑表达式	描述	实例
and	x and y	逻辑与运算;若 x 为 False,x and y 返回的结果为 False,否则返回 y 的计算值	若 x = 10, y = 20,则 x and y 返回的值为 20

（续）

运算符	逻辑表达式	描述	实例
or	x or y	逻辑或运算;若x非0,则返回x的值,否则返回y的计算值	若x=10,y=20,则x or y返回的值为10
not	not x	逻辑非运算,即求反操作;x为True则返回False,x为False则返回True	若x=10,则not x返回False;若x=0,则not x返回True

and是一个短路运算符,如果左操作数为False,则不再对右操作数进行计算,直接得到结果False,只有当左操作数为True时,才会对右操作数进行计算。

or也是一个短路运算符,如果左操作数为True,则不再对右操作数进行计算,直接得到结果True,只有当左操作数为False时,才会对右操作数进行计算。

需要注意的是,and和or运算的结果并不一定是逻辑值True或False,而是最后一个被计算的表达式的值,但not一定会返回True或False。

```
>>> 0 and 10
0
>>> 0 or 10
10
>>> 10 and 0
0
>>> 10 or 0
10
>>> 10 and 20
20
>>> 10 or 20
10
>>> 1 and 3<4
True
>>> 1 or 3<4
1
>>> 3<4 and 1
1
>>> 3<4 or 1
True
>>> 1>2 and 3<4
False
>>> 1>2 or 3<4
True
>>> 'abc' and 'b'
'b'
>>> 'abc' or 'b'
'abc'
>>> not 0
```

```
True
>>> not 1
False
>>> not False
True
>>> not True
False
>>>
```

【例 3-6】逻辑与运算法则验证。

```
m=True
n=True
print('m 的值为:',m,'; n 的值为:',n,'; m and n 的值为:',m and n)
m=False
print('m 的值为:',m,'; n 的值为:',n,'; m and n 的值为:',m and n)
n=False
print('m 的值为:',m,'; n 的值为:',n,'; m and n 的值为:',m and n)
m=True
print('m 的值为:',m,'; n 的值为:',n,'; m and n 的值为:',m and n)
```

程序的运行结果为:

```
m 的值为:True;n 的值为:True;m and n 的值为:True
m 的值为:False;n 的值为:True;m and n 的值为:False
m 的值为:False;n 的值为:False;m and n 的值为:False
m 的值为:True;n 的值为:False;m and n 的值为:False
```

从上面的运行结果可以看出,在逻辑与运算中只有当两个操作数均为 True 时运算结果才为 True,只要有一个操作数为 False,运算结果都为 False。

【例 3-7】逻辑或运算法则验证。

```
m=True
n=True
print('m 的值为:',m,'; n 的值为:',n,'; m or n 的值为:',m or n)
m=False
print('m 的值为:',m,'; n 的值为:',n,'; m or n 的值为:',m or n)
n=False
print('m 的值为:',m,'; n 的值为:',n,'; m or n 的值为:',m or n)
m=True
print('m 的值为:',m,'; n 的值为:',n,'; m or n 的值为:',m or n)
```

程序的运行结果为:

```
m 的值为:True;n 的值为:True;m or n 的值为:True
m 的值为:False;n 的值为:True;m or n 的值为:True
m 的值为:False;n 的值为:False;m or n 的值为:False
```

```
m 的值为:True;n 的值为:False;m or n 的值为:True
```

从上面的运行结果可以看出,在逻辑或运算中,只要有一个操作数的计算值为 True,那么运算结果就为 True,只有两个操作数都为 False 时,运算结果才为 False。

6. 位运算符

在 Python 中,位运算符是对整型数按二进制数进行置位的运算符,若程序中给定的数据不是二进制数,在进行位运算时,Python 会自动将操作数先转换为二进制数,然后再进行计算。Python 的位运算符如表 3-9 所示。

表 3-9　位运算符

运算符	描述
&	按位与运算符;如果参与运算的两个值的两个相应位都为 1,则该位的结果为 1,否则为 0
|	按位或运算符;只要两个对应的二进位有一个为 1,结果位就为 1
^	按位异或运算符;当两个对应的二进位相异时,结果为 1
~	按位取反运算符;对数据的每个二进制位取反,即把 1 变为 0,把 0 变为 1
<<	左移运算符;把"<<"左边的运算数的各二进位全部左移若干位,由"<<"右边的数指定移动的位数,高位丢弃,低位补 0
>>	右移运算符;把">>"左边的运算数的各二进位全部右移若干位,">>"右边的数指定移动的位数

示例:

```
>>> 1&2            #按位与运算
0
>>> 1|2            #按位或运算
3
>>> 1^2            #按位异或运算
3
>>> ~1             #按位取反运算
-2
>>> 1<<2           #按位左移 2 位
4
>>> 1>>2           #按位右移 2 位
0
```

【例 3-8】按位与运算法则验证。

```
x=2
y=3
print('x 的值为:',x,'; y 的值为:',y,'; x & y 的结果为:',x & y)
```

程序的运行结果为:

```
x 的值为:2;y 的值为:3;x & y 的结果为:2
```

上面的程序中,x 的值为 2(十进制),y 的值为 3(十进制),那么 x 与 y 的值转换为二进制值则为:

x=0000 0010

y=0000 0011

按照按位与的运算法则,可以得出:x&y=0000 0010,转换成十进制数为 2。

【例 3-9】左移运算法则验证。

```
m=2
n=3
print('m 的初始值为:',m,';m 左移 1 位的结果为:',m<<1)
print('n 的初始值为:',n,';n 左移 2 位的结果为:',n<<2)
print('m 的初始值为:',m,';m 左移 1 位后的值为:',m)
print('n 的初始值为:',n,';n 左移 2 位后的值为:',n)
```

程序的运行结果为:

```
m 的初始值为:2;m 左移 1 位的结果为:4
n 的初始值为:3;n 左移 2 位的结果为:12
m 的初始值为:2;m 左移 1 位后的值为:2
n 的初始值为:3;n 左移 2 位后的值为:3
```

从上面的程序运行结果可以看出:

(1)将数值每左移 1 位相当于将原来的数值乘以 2,即扩大了 2 倍。

(2)变量左移运算不会影响变量原有的值,只是计算结果发生了变化,这是由于经过计算后重新创建了一个数据对象,但这个数据对象并没有赋值给原有变量,所以原变量的值并没有发生变化。

7. 成员运算符

成员运算符用于判定一个操作数是否包含在另一个操作数中,返回结果为布尔值。成员运算符常用于字符串、列表、元组、集合中。Python 成员运算符如表 3-10 所示。

表 3-10　成员运算符

运算符	表达式	描述
in	x in y	如果在 y 中找到 x 则返回 True,否则返回 False
not in	x not in y	如果在 y 中找不到 x 则返回 True,否则返回 False

示例:

```
>>> m='Hello Python'
>>> 'p' in m
False
>>> 'P' in m
True
>>> 'p' not in m
True
>>>
```

8. 身份运算符

身份运算符用于判断两个标识符的引用情况,其返回结果为布尔值。Python 的身份运算符如表 3-11 所示。

表 3-11　身份运算符

运算符	表达式	描述
is	x is y	判断两个标识符是否引用自同一个对象,若是则返回 True,否则返回 False
not is	x not is y	判断两个标识符是否引用自不同对象,若是则返回 True,否则返回 False

示例:

```
>>> a=256
>>> b=256
>>> a==b
True
>>> a is b
True
>>> c=257
>>> d=257
>>> c==d
True
>>> c is d
False
>>>
```

通过上面的示例可以看出,变量 a 与 b 的赋值相同,c 与 d 的赋值相同,但变量 a 和 b 无论是进行 is 身份运算,还是进行“==”比较运算,结果均为 True,变量 c 和 d 进行“==”比较运算结果为 True,而进行 is 身份运算的结果为 False,这是为什么呢?

在 Python 中,“==”和 is 都是对对象进行比较判断的,但比较判断的内容并不相同。“==”用来比较判断两个对象的值是否相等,而 is 用来比较两个对象是不是完全相同,即它们是不是同一个对象,占用的内存地址是否相同。a is b 结果为 True,表明 a 与 b 指向了同一个内存地址,共享了同一个对象 256;c is d 结果为 False,表明 c 与 d 指向了不同的内存地址,也就是在内存中有两个 257 对象。产生这种结果的原因是 Python 对于比较小的整数(范围为[-5,256])进行了缓存(也称小整数对象池),也就是在[-5,256]范围内的数一旦存在就不再创建。

另外,字符串类型数据作为 Python 中最常用的数据类型之一,Python 解释器采用了与小整数对象池类似的 Intern(字符串驻留)技术来提高字符串的使用效率和性能,即值相同的字符串对象仅仅在内存中保存一份,放在一个字符串池中,是共享的。这种机制对于程序中存在大量值相同的字符串,系统不得不为这些相同的字符串分配各自的内存空间,造成系统资源的浪费是一种很好的解决方案。Python 实现 Intern 机制的方式是通过维护一个字符串存储池,这个池子是一个字典结构。如果字符串已经存在于池子中就不再去创建新的字符串,直接返回之前创建好的字符串对象;如果之前还没有加入该池子中,则先构造一个字符串对象,并把这个对象加入池子中去,方便下一次获取。

Python 解释器内部对 Intern 机制的使用是有策略的,通常情况下只有包含下画线、数字、字母的字符串才会触发 Intern 机制;同时,对字符串的长度也有一定限制,超过限制长度,解释器认为这个字符串不常用,不放入字符串池中(不启用 Intern 机制)。

启动 Intern 机制有自动和手动两种方式。对于符合规则的字符串自动启用 Intern 机制,对于不符合规则的字符串需要通过使用 intern()函数创建字符串启动 Intern 机制。

需要注意的是,仅仅是在 Python 命令行中执行时存在上面的现象,而在脚本模式下(保存为文件执行),结果是不一样的。下面的代码演示了在脚本模式下的执行情况。

```
a='a! '*2049
b='a! '*2049
print('a==b:',a==b)
print('a is b:',a is b)
c='a! '
d='a! '
print('c==d:',c==d)
print('c is d:',c is d)
e=256
f=256
print('e==f:',a==b)
print('e is f:',a is b)
x=257
y=257
print('x==y:',c==d)
print('x is y:',c is d)
```

运行结果:

```
a==b:True
a is b:False
c==d:True
c is d:True
e==f:True
e is f:False
x==y:True
x is y:True
```

id()函数可以获取对象在内存中的地址信息,执行 a is b 相当于执行 id(a)==id(b),通过此函数可以进一步对上面的情况进行验证。

```
>>> a=256
>>> b=256
>>> id(a)
1879012512
>>> id(b)
1879012512
>>> id(a)==id(b)
True
```

```
>>> a is b
True
>>> c=257
>>> d=257
>>> id(c)
54190880
>>> id(d)
54190832
>>> id(c)==id(d)
False
>>> c is d
False
>>>
```

3.4.2　表达式

表达式是变量、常量、值和运算符的组合,其结果是一个 Python 对象。单独的一个值是一个表达式,单独的一个变量也是一个表达式。例如:m、100、b+c、a>b、a and b、x is y。

按照运算符的种类,表达式可以分为算术表达式、关系表达式、逻辑表达式、测试表达式等,多种运算符混合运算形成复合表达式。复合表达式按照运算符的优先级依次进行计算。

一般情况下,二元运算符要求两个操作数的数据类型要一致,当数据类型不一致时需要进行自动或手动转换。

表达式结果的数据类型由操作数和运算符共同确定。

- 比较、逻辑、成员、身份运算的结果是逻辑值。
- 字符串连接(+)和重复(*)的结果还是字符串。
- 在算术运算符中,若+、-、* 的操作数为整型,运算的结果一般还是整型;若+、-、* 的操作数中含有浮点数,计算结果为浮点型;%、//的结果为整型;/、** 的结果可能为整型也可能为浮点型。

在使用各种运算符构造复合表达式时,必须要理清楚运算符的优先级,否则会造成逻辑性错误,导致程序出现错误的运行结果,这种错误往往是难以排查的。

提示:表达式是计算数据的代码片段,它不是一个完整的 Python 语句。例如,a+b 是表达式,c=a+b 则是语句。在程序中,一个表达式往往不会单独存在,它一般都会出现在一个语句中。

3.4.3　运算符的优先级

在一个表达式中,可以包含多种运算符,在这种情况下就会出现先计算谁后计算谁的问题,就像在一个含有加、减、乘、除的算术运算中,先算乘、除后算加、减一样。运算符的优先级决定了哪个运算符在其他的运算符之前计算;优先级相同的运算符,按照从左向右的顺序进行计算。当然,也可以通过使用括号来改变运算符的优先级,因为括号里面的表达式优先级永远是最高的。表 3-12 按照从高到低的顺序罗列出了 Python 运算符的优先级,优先级数字越大,优先级越高。

表 3-12　运算符优先级

运算符说明	运算符	优先级
索引运算符	x[index] 或 x[index:index2[:index3]]	18、19
属性访问	x. attrbute	17
乘方	**	16
按位取反	~	15
符号运算符	+(正号)或 -(负号)	14
乘、除	*、/、//、%	13
加、减	+、-	12
位移	>>、<<	11
按位与	&	10
按位异或	^	9
按位或	|	8
比较运算符	==、!=、>、>=、<、<=	7
is 运算符	is、is not	6
in 运算符	in、not in	5
逻辑非	not	4
逻辑与	and	3
逻辑或	or	2

示例:

```
>>> 2*3>8
False
>>> 2*3>8-4
True
>>> not 2*3>8-4
False
>>> 1>2 and 3<4
False
>>> not 1>2 and 3<4
True
>>> 3>4 and 1>2
False
>>> not(3>4 and 1>2)
True
>>>
```

3.4.4 数据类型转换

在程序中，参与相同运算的数据在数据类型上必须保持一致，否则会引发系统异常。而在程序中，经常发生将不同的数据类型组合在一起进行的运算，因此不可避免地就要进行数据类型之间的转换。简单的如整型、浮点型、字符串型之间的转换，更有数组、列表、字典、元组、集合之间的转换。数据类型的转换一般有强制转换和自动转换两种。强制转换需要程序员通过代码进行处理；自动转换常见于算术运算，Python 中默认的是将低精度的数据类型转换为高精度的数据类型。例如：

```
>>> 3+2
5
>>> 3+2.0
5.0
>>> 3+int(2.0)
5
>>>
```

Python 内置了许多用于数据类型转换的函数，可以方便地进行各类数据类型之间的转换，如表 3-13 所示。

表 3-13 Python 常用数据类型转换函数

函数格式	描述	使用示例
int(x [,base])	将 x 转换为十进制整数，可以转换的包括 string 类型和其他数字类型，base 为进位计数制，默认为十进制	int("8")，结果为 8 int(3.14)，结果为 3 int('f',16)，结果为 15
float(x)	可以转换 string 和其他数字类型，不足的位数用 0 补齐，如 1 会变成 1.0	float(1)或者 float("1")，结果为 1.0
complex(real,imag)	创建一个复数或将一个数字、字符串转换为复数形式，第一个参数可以是 string 或者数字，第二个参数只能为数字，当第二个参数没有时默认为 0	complex("1")，结果为(1+0j) complex(1,2)，结果为(1+2j)
str(x)	将数字转化为 string	str(1)，结果为'1'
repr(x)	返回一个对象的 string 格式	repr(Object)
eval(str)	执行一个字符串表达式，返回计算的结果	eval("12+23")，结果为 35
tuple(seq)	参数可以是元组、列表或者字典，为字典时，返回字典的 key 组成的集合	tuple((1,2,3))，结果为(1,2,3)
list(s)	将序列转变成一个列表，参数可为元组、字典、列表，为字典时，返回字典的 key 组成的集合	list((1,2,3,4))，结果为[1,2,3,4]
set(s)	将一个可迭代对象转变为可变集合，并且去重复，返回的结果可以用来计算差集 x-y、并集 x|y、交集 x & y	set(['b','r','u','o','n'])，结果为{'b','n','u','r','o'}；set("python")，结果为{'y','t','n','o','p','h'}
frozenset(s)	将一个可迭代对象转变成不可变集合，参数为元组、字典、列表等	frozenset([0,1,2,3,4,5,6,7,8,9])

（续）

函数格式	描述	使用示例
chr(x)	chr()用一个范围在 range(256)内的(即 0~255)整数作为参数,返回一个对应的字符。返回值是当前整数对应的 ASCII 字符	chr(0x30),结果为'0' chr(65),结果为'A'
ord(x)	返回对应的 ASCII 数值,或者 Unicode 数值	ord('a'),结果为 97 ord('B'),结果为 66
bin(x)	把一个整数转换为二进制字符串	bin(4),结果为'0b100'
hex(x)	把一个整数转换为十六进制字符串	hex(12),结果为'0xc'
oct(x)	把一个整数转换为八进制字符串	oct(12),结果为'0o14'

3.5 输入与输出

在前面的章节中我们介绍过,一个基本的算法应该由输入、处理、输出三部分组成。Python 中有 3 个基本的输入、处理与输出函数,用于处理数据的输入、处理及输出操作。

3.5.1 input()函数

input()函数是 Python 的标准输入函数,它可以从控制台获取用户的一行输入。无论从控制台输入什么内容,此函数的返回值都是字符串类型,其使用方式为:

```
<变量>=input([提示文字])
```

当程序执行到 input()函数的时候,程序会暂停运行,等待用户输入数据键入回车后继续执行下一条语句。

说明:input()函数中的提示文字是可选的,不是必需的,但为了让用户更加清楚所需要进行的操作,程序员一般会给出提示信息,告诉用户应输入什么样的数据。

【例 3-10】用户输入两个数,并输出。

```
>>> m=input('请输入第一个数 m 的值:')
请输入第一个数 m 的值:3
>>> n=input('请输入第二个数 n 的值:')
请输入第二个数 n 的值:5
>>> print('输入的 m 的值为:',m)
输入的 m 的值为:3
>>> print('输入的 n 的值为:',n)
输入的 n 的值为:5
>>>
```

3.5.2 eval()函数

input()函数的返回结果为字符串类型的数据,我们知道字符串类型数据是不能进行算术运算的,那么当我们输入的数据是数字时,又想让输入的数据进行算术运算时该怎么办呢?

eval()可以帮我们解决这一问题。

eval()函数的作用就是去掉字符串最外侧的引号,并把字符串当成有效的表达式来进行运算并返回计算结果,其使用方式为:

```
<变量>=eval(<字符串>)
```

其中,变量用于保存字符串的运算结果。

【例 3-11】用户输入两个数,并计算其和。

```
>>> m=input('请输入第一个数 m 的值:')
请输入第一个数 m 的值:3
>>> n=input('请输入第二个数 n 的值:')
请输入第二个数 n 的值:4
>>> print('调用 eval 函数前 m+n=',m+n)
调用 eval 函数前 m+n=34
>>> m=eval(m)
>>> n=eval(n)
>>> print('调用 eval()函数后 m+n 的结果为:',m+n)
调用 eval()函数后 m+n 的结果为:7
>>> print('执行 eval('3+2')的结果为:',eval('3+2'))
执行 eval('3+2')的结果为:5
>>>
```

从上面的代码可以看出:

(1)在调用 eval()函数前,由于 input()函数的返回结果为字符串,m 和 n 中的数据类型都是字符串类型,Python 会按照字符串运算符而不是算术运算符来计算 m+n 表达式的结果,所以输出的结果是“34”。

(2)在调用 eval()函数后,m 和 n 的值转换为数值型数据,Python 会按照算术运算而非字符串运算来计算 m+n 表达式的结果,所以输出的结果是“7”。

(3)执行 eval('3+2'),就是将字符串'3+2'中的单引号去掉,按表达式进行计算。

再观察如下示例:

```
>>> m=eval('py')
Traceback (most recent call last):
    File "<pyshell#147>",line 1,in <module>
        m=eval('py')
    File "<string>",line 1,in <module>
NameError:name 'py' is not defined
>>> py='Python'
>>> m=eval('py')
>>> m
'Python'
>>> m=eval("'py'")
>>> m
'py'
```

当 eval()函数处理字符串' py '时,字符串去掉两个引号后,Python 会将 py 当作一个变量来解释,由于之前没有创建过变量 py,但又要使用 py,所以解释器会报错。如果先将 py 进行赋值,即先创建变量 py,再运行 m=eval(' py ')语句将没有错误提示,m 的输出结果为变量 py 的值。当 eval()函数处理字符串"' py '"时,去掉最外面的双引号后,内部还有一个单引号,' py '会被解释为一个字符串,解释器不会报错。

要想把用户输入的数字用于算术运算,经常将 eval()函数和 input()函数一起使用,使用方式如下:

```
<变量>=eval(input([提示文字]))
```

此时,用户输入的数字会被解释为数字型数据保存到变量中。

```
>>> eval(input('请输入一个表达式:'))
请输入一个表达式:8
8
>>> eval(input('请输入一个表达式:'))
请输入一个表达式:2+6
8
>>>
```

3.5.3 print()函数

print()函数是 Python 的标准输出函数,用于输出运算的结果。函数的基本使用方式如下:

```
print(value,…,sep=' ',end='\n',file=sys.stdout,flush=False)
```

value 是要输出的数据,可以是具体的值、变量、常量或表达式;sep 表示使用什么符号分割多个输出结果,默认为 1 个空格,也可以自定义为其他的分隔符(如使用冒号分割);end 表示输出结束符号,默认为换行符;file 表示将要输出的结果输出到某个文件中,默认的是 sys.stdout,它是标准输出设备,也就是计算机屏幕(有关文件操作将在后面章节介绍);flush 表示是否使用缓存,默认为 False,表示输出的结果先放入缓存,然后在文件关闭时再写入文件,flush 为 True 时表示不缓存,立即将结果写入文件。

在 print()函数中,可以输出一个值,也可以输出多个值。当输出多个值时,不同的值之间使用英文的逗号(,)分割。print()函数中的内容(参数)均为可选项。

【例 3-12】print()函数分隔符与结束符的使用。

```
m=2
n=3
x='abc'
print(m,n,x)
print(m,n,x,sep=':')
print(m,n,x,sep=':',end='! ')
print(x)
```

程序运行结果：

```
2 3 abc
2:3:abc
2:3:abc! abc
```

第一条输出语句使用的是 print()函数的默认输出形式；第二条输出语句使用冒号(:)重新定义了输出结果之间的分割符；第三条输出语句使用“!”作为输出的结束符号；由于第三条输入语句没有使用换行符，所以第四条输出语句的输出结果与第三条输出语句的结果在同一行输出。

提示：执行 print()语句输出 1 次换行，而执行 print('\n')语句会输出 2 次换行。

习　题

一、填空题

1. Python 语言中一条语句结束后可以直接键入__________。

2. Python 语言中一条语句可写在多行，并可以使用__________续行。

3. 缩进可以使用__________。

4. 缩进反映了层级关系，同一层级的缩进必须__________。

5. Python 中表示真值的关键字是__________。

6. Python 中表示假值的关键字是__________。

7. Python 中用于循环控制的关键字是__________。

8. Python 中用于条件语句的关键字是__________。

9. Python 中变量在使用前必须先__________。

10. Python 中常量的本质还是__________。

11. Python 定义了 6 个内置常量，分别是 True、False、__________、NotImplemented、Ellipsis、_debug_。

12. 在程序设计语言中，一般使用__________来明确数据的含义。

13. Python 中有 6 种标准的数据类型，它们分别是__________、__________、__________、__________、__________、__________。

14. Python 中不可变数据类型是__________、__________、__________。

15. Python 中数字型数据可以分为整型、浮点型和__________。

16. 在 Python 中，赋值运算符“ * =”是先做__________再赋值。

17. 'A' * 4 的结果是__________。

18. print(eval('5+6'))的输出结果是__________。

19. input()函数返回的是__________类型的数据。

20. 执行 print()会输出__________。

二、选择题

1. 下列命名错误的标识符是(　　)。

A. _M　　B. 3m　　C. my　　D. Py

2. 下列关于变量错误的说法是(　　)。

A. source 与 Source 是同一变量　　B. 变量必须以字母或下画线开头

C. Python 的关键字不能作为变量　　D. 变量命名应遵循见名知意的原则

3. 下列说法错误的是(　　)。

A. Python 数据的数据类型由系统自动判断

B. Python 数据的数据类型必须明确定义

C. Python 的变量在使用前必须先赋值

D. Python 采用的是基于值的内存管理模式

4. print('\"abc\"')的结果是(　　)。

A. abc　　B. "abc"　　C. \"abc\"　　D. "abc\"

5. m=10,n=4,m//n 的运算结果是(　　)。

A. 2.5　　B. 2　　C. 5　　D. 0.5

6. 4 **3 的运算结果是(　　)。

A. 64　　B. 12　　C. 7　　D. 4

7. 若 m=18,n=5,那么 m+n%3 的运算结果是(　　)。

A. 20　　B. 2　　C. 19　　D. 23

8. 若 m=18,n=5,那么 m and n 的运算结果是(　　)。

A. 18　　B. 5　　C. True　　D. False

9. 若 m=18,n=6,那么 m or n 的运算结果是(　　)。

A. 18　　B. 6　　C. False　　D. True

10. Python 不支持的数据类型是(　　)。

A. char　　B. int　　C. float　　D. list

11. 关于 Python 语言的变量,以下说法正确的是(　　)。

A. 随时声明、随时使用、随时释放

B. 随时命名、随时赋值、随时使用

C. 随时声明、随时赋值、随时变换类型

D. 随时命名、随时赋值、随时变换类型

12. 关于 Python 语言数值操作符,以下描述错误的是(　　)。

A. x//y 表示 x 与 y 的整数商,即不大于 x 与 y 的商的最大整数

B. x **y 表示 x 的 y 次幂,其中,y 必须是整数

C. x%y 表示 x 与 y 的商的余数,也称为模运算

D. x/y 表示 x 与 y 的商

13. 代码 print(0.1+0.2==0.3)的输出结果是(　　)。

A. False　　B. -1　　C. 0　　D. while

14. 如果 Python 程序执行时,产生了"unexpected indent"的错误,其原因是(　　)。

A. 代码中使用了错误的关键字　　B. 代码中缺少“:”符号

C. 代码中的语句嵌套层次太多　　D. 代码中出现了缩进不匹配的问题

15. 关于Python语言的注释,以下描述错误的是(　　)。

A. Python语言的单行注释以“#”开头

B. Python语言的单行注释以单引号开头

C. Python语言的多行注释以三个单引号开头和结尾

D. Python语言有两种注释方式:单行注释和多行注释

三、判断题

1. Python是靠换行区分代码语句的。(　　)
2. 在Python中,同一段代码的缩进可以不相同。(　　)
3. 在Python中,第一层级的代码语句没有缩进。(　　)
4. 在Python中,缩进反映了代码语句的包含关系。(　　)
5. 注释语句不会被执行。(　　)
6. 关键字是程序设计语言中有特定含义与用途的标识符。(　　)
7. 变量是内存中临时存储数据的一种元素。(　　)
8. 在Python中,变量必须先定义后使用。(　　)
9. 在Python中,变量中存储的是数据在内存中的地址信息。(　　)
10. 在Python中,a=b=c=10是错误的赋值语句。(　　)
11. 在Python中,赋值语句m+=n与m=m+n等价。(　　)
12. 在Python中,一般使用变量名大写的形式表示常量,但其本质还是变量。(　　)
13. 在Python中,对不可变数据类型的变量重新赋不同的值,会创建新的数据对象。(　　)
14. 在Python中,对可变数据类型变量重新赋值,变量的值不会发生变化。(　　)
15. 在Python中,整型数据不能使用不同的进位计数制表示。(　　)
16. 0x19表示的是十六进制数据。(　　)
17. 在Python中,十六进制数中的字符有大小写之分,0xff与0xFF表示两个不同的数值。(　　)
18. 字符串类型数据可以进行算术运算。(　　)
19. 在字符串正向索引中,第一个字符的索引值是1。(　　)
20. 若字符串长度为n,那么从左向右最后一个字符的索引值是n-1。(　　)
21. 123与'123'是相同的数据类型。(　　)
22. 一个字符串中若包含单引号或双引号,需用转义字符“\”进行转义。(　　)
23. 在Python中,真值True用非零或非空值表示。(　　)
24. 在Python中,假值False用零或空值表示。(　　)
25. 1+1的运算结果是2,'1'+'1'的运算结果是'11'。(　　)
26. 比较运算的计算结果都是布尔值。(　　)
27. 在逻辑与and运算中,只有两个运算对象都为真,运算结果才为真。(　　)
28. 逻辑非not运算为求反操作,not 10的结果为False。(　　)

29. 表达式是一个完整的 Python 语句。(　　)

30. m=a+b 是一个表达式。(　　)

31. 一个表达式中若含有逻辑运算符,则逻辑运算符的优先级总是最低的。(　　)

32. 可以通过使用括号改变运算符的优先级,而括号中表达式的优先级是最高的。(　　)

33. input()函数返回的永远是一个字符串类型的数据。(　　)

34. eval()函数不能将字符串当成有效的表达式来进行运算并返回计算结果。(　　)

35. 执行 print('\n')语句会输出 2 次换行。(　　)

36. print()函数只能输出到屏幕,不能输出到文件。(　　)

37. print(eval('3+4'))的结果为'3+4'。(　　)

38. print()函数中的 sep、end 等参数位置可以同时出现,并可以出现在第一个位置。(　　)

39. 表达式是由变量或常量与运算符组合而成的。(　　)

40. 算术运算符的优先级比关系运算符的优先级要高。(　　)

参考答案

第 4 章 控制结构

学习目标

1. 理解控制语句的执行过程。
2. 掌握控制语句的基本使用语法。
3. 掌握3种控制语句的区别与用途。
4. 能够熟练运用控制语句书写程序。

知识导图

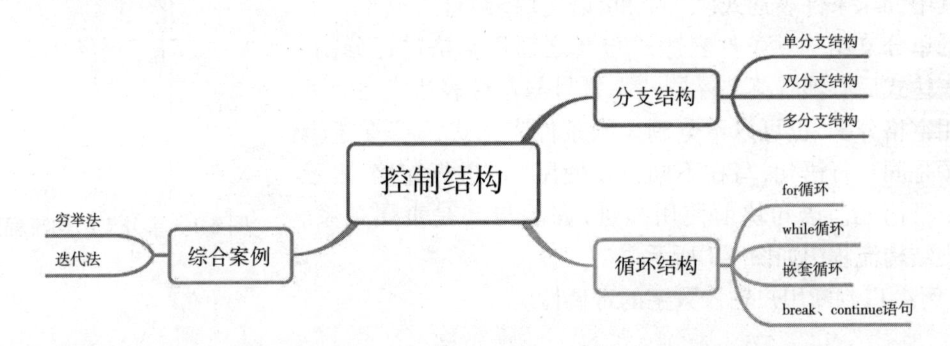

默认情况下,程序是按照语句前后顺序依次逐条执行的,但在不同情况下,有些语句需要满足一定条件才执行,有些语句需要反复执行多次。因此,在各类程序设计语言中都有一类专门的控制语句,这类语句的作用就是控制某些语句是否选择性执行或反复执行。

与其他程序设计语言一样,Python 也包括 3 种基本的控制结构:顺序结构、分支结构和循环结构,这 3 种控制结构与程序流程图中的 3 种结构相对应。顺序结构没有对应的控制语句,从整体上看,整个程序就是顺序结构;分支结构也称选择结构,由 if 语句实现控制,它可以根据判断条件选择要执行的语句块;循环结构使用 for 或 while 语句实现,它可以在满足条件的情况下重复执行一条或多条语句,以此减少重复书写代码的工作量。

在具体应用中,需要通过大量使用分支结构和循环结构,完成特定的业务逻辑和算法,从而达到解决实际问题的目的。

4.1 分支结构

在程序设计过程中,经常会遇到在不同条件下执行不同代码语句的情况,程序员在编写代码时,并不能确定随着程序的运行到底哪种情况会满足执行条件。因此,程序设计人员必须将所有可能的情况全部进行罗列处理,此时就需要使用分支结构进行控制。分支结构是根据表达式的计算结果而选择性地执行某一条路径的程序运行方式。分支结构可以分为单分支、双分支和多分支结构,Python 中分别通过 if 语句、if…else 语句、if…elif…else 语句实现。

4.1.1 单分支结构

Python 的单分支结构使用 if 关键字对条件表达式进行判断,若表达式结果为真,则执行对应的语句块,否则什么也不做,按照顺序继续执行 if 结构后续的语句。其使用方式如下:

```
if <条件表达式>:
    <语句块>
```

其中,if <条件表达式>、“:”和<语句块>组合形成了一个完整的单分支结构。条件表达式与 if 之间用空格进行分割,条件表达式后必须跟英文冒号(:),冒号与条件表达式之间可以使用空格分割,也可以不分割。if、条件表达式、“:”在逻辑上必须是同一行语句,写在不同行要使用“\”进行连接,表示是同一行语句。语句块前使用缩进,表示与 if 是隶属关系。单分支结构流程图如图 4-1 所示。

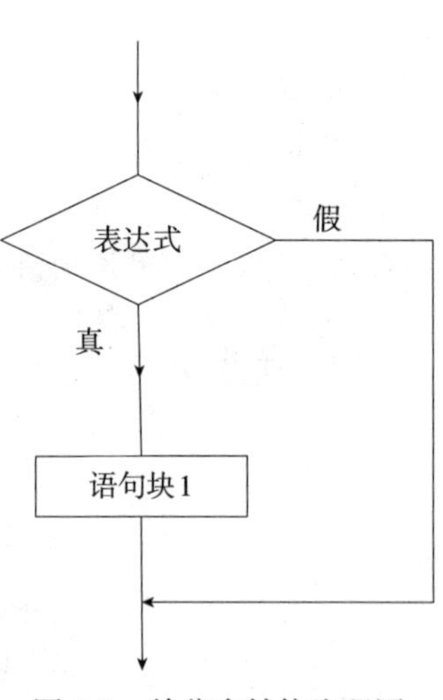

图 4-1 单分支结构流程图

【例 4-1】判断用户输入数字的奇偶性。

```
a=eval(input('请输入一个整数:'))
if a%2==0:
    print('输入的数字是偶数')
print('输入的数字是:',a)
```

程序运行结果:

```
请输入一个整数:6
输入的数字是偶数
输入的数字是:6
```

程序分析:

程序使用 if 语句对输入的数据进行判断,若能被 2 整除,表示该数是偶数,输出判断结果信息,即“输入的数字是偶数”;最后一条 print 语句与 if 结构没有隶属关系(与 if 语句的缩进相同),无论输入的数字是否为偶数都会被执行,不会受 if 判断结果的影响。读者可以运行程序尝试输入一个奇数,再观察程序的运行结果。

4.1.2　双分支结构

在程序设计中，我们经常会遇到当表达式结果为真时需要执行一个语句序列，而当表达式结果为假时需要执行另一个语句序列的情况，也就是一个表达式无论结果为真或假都要执行相应的动作，这时就需要使用双分支结构进行控制。双分支结构使用 if…else 语句实现，其流程图如图 4-2 所示，其使用方式如下：

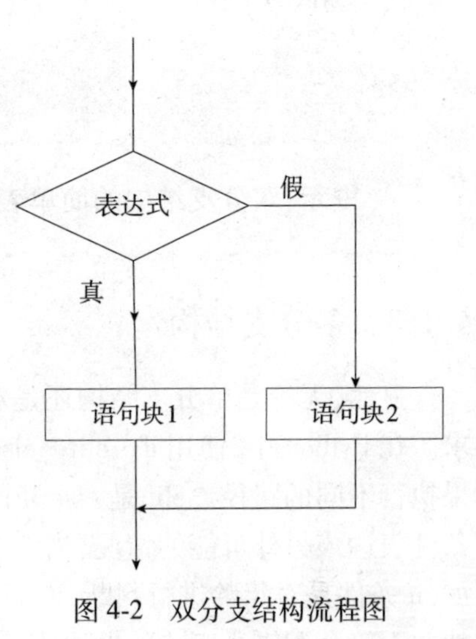

图 4-2　双分支结构流程图

```
if <条件表达式>:
    <语句块 1>
else:
    <语句块 2>
```

双分支结构有两条执行路径，当表达式结果为真时执行语<语句块 1>，否则执行<语句块 2>，这种形式相当于使用两个 if 语句，即：

```
if <条件表达式>:
    <语句块 1>
if <条件表达式>:
    <语句块 2>
```

【例 4-2】判断用户输入的数字是否既能被 3 整除也能被 7 整除。

```
a=eval(input('请输入一个整数:'))
if a % 3==0 and a % 7==0:
    print('输入的数字能同时被 3 和 7 整除')
else:
    print('输入的数字不能同时被 3 和 7 整除')
print('输入的数字是:',a)
```

运行程序两次，分别输入两个数字，运行结果如下：

```
请输入一个整数:21
输入的数字能同时被 3 和 7 整除
输入的数字是:21
请输入一个整数:33
输入的数字不能同时被 3 和 7 整除
输入的数字是:33
```

当 if 语句的条件只包含简单表达式时，可以使用双分支结构的简洁表达方式，其语法格式如下：

```
<表达式 1> if <条件> else <表达式 2>
```

当<条件>结果为真时，输出<表达式 1>的结果，否则输出<表达式 2>的结果，例如：

```
>>> a=11
>>> '偶数' if a % 2==0 else '奇数'
'奇数'
>>>
```

提示:双分支结构的简单表达方式,使用的是表达式而不是语句。

4.1.3 多分支结构

显然,无论是单分支结构还是双分支结构,都不能满足我们对多于两个条件进行判断的需求。在 Python 中,使用 if…elif…else 语句对多个相关条件进行判断,并根据不同条件的计算结果执行不同的路径。elif 是 else if 的缩写,并且各个 elif 中的条件表达式一般情况下都应是 if 条件表达式另外可能的情况,当然它们也可以没有相关性,但这可能会造成逻辑上的混乱。比如,if 条件是对年龄进行判断,而 elif 的条件又是对民族进行判断,虽然程序可以运行,但这显然并不符合逻辑。正确的做法应该是对年龄的判断和对民族的判断使用两个不同的 if 控制结构。

多分支结构的语法格式如下(流程图如图 4-3 所示):

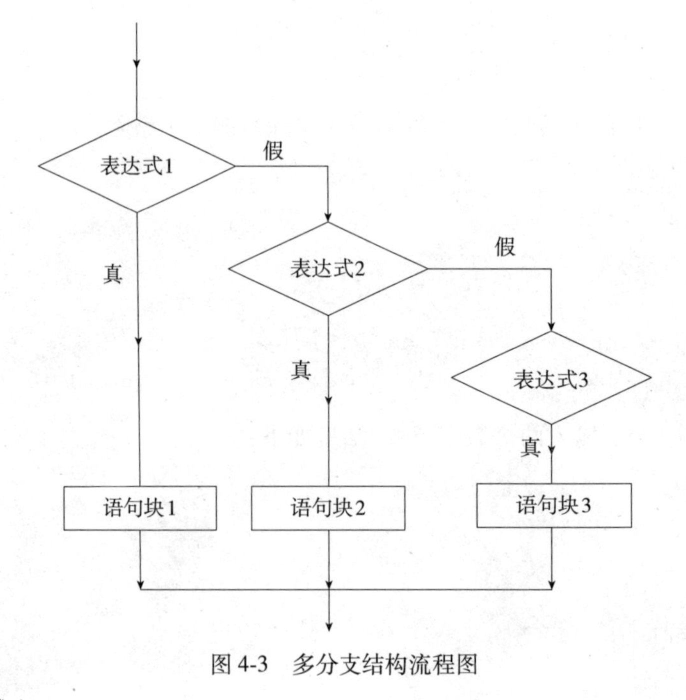

图 4-3 多分支结构流程图

```
if <条件表达式 1>:
    <语句块 1>
elif <条件表达式 2>:
    <语句块 2>
elif <条件表达式 3>
    <语句块 3>
```

```
......
else:
    <语句块 N>
```

多分支结构的作用是根据不同条件表达式的值确定要执行的语句块,若某个条件表达式为真,则执行其对应的语句块,若所有条件表达式的值均为假,则执行 else 对应的语句块。else 语句也可以没有,在这种情况下,当所有条件都不满足时什么也不做。

在多分支结构中,只要一个条件表达式成立,后面的 elif 就不会被执行。例如,若条件表达式 2 成立,则执行语句块 2 后就结束整个 if 语句,不会再对条件表达式 3 及后面的条件进行判断。

多分支结构同样可以使用多个单分支结构实现,但使用单分支结构会按顺序依次对所有 if 语句的表达式进行判断,在这种情况下,单分支结构运算的次数相比多分支结构要多,会降低程序的执行效率。

【例 4-3】输入一个百分制成绩,按照表 4-1 进行等级转换。

表 4-1　成绩与等级对照

百分制成绩	等级
90~100	优秀
80~89	良好
70~79	中等
60~69	合格
0~59	不合格

程序代码如下:

```
score=eval(input('请输入成绩:'))
if score >=90:
    grade='优秀'
elif score >=80:
    grade='良好'
elif score >=70:
    grade='中等'
elif score >=60:
    grade='合格'
else:
    grade='不合格'
print('成绩为:{0},结果为:{1}'.format(score,grade))
```

程序运行结果:

```
请输入成绩:77
成绩为:77,结果为:中等
```

如果把上面的代码改成下面的代码:

```
score=eval(input('请输入成绩:'))
if score >=60:
    grade='合格'
elif score >=70:
    grade='中等'
elif score >=80:
    grade='良好'
elif score >=90:
    grade='优秀'
else:
    grade='不合格'
print('成绩为:{0},结果为:{1}'.format(score,grade))
```

则程序运行结果:

```
请输入成绩:85
成绩为:85,结果为:合格
```

对照给定的转换关系表,我们发现,输入的成绩 85 应该对应的是“良好”等级,程序虽然正常运行了,但计算的结果与实际需求不符。这是由于程序代码存在逻辑上的错误,弄错了多个条件的先后关系。因此,在使用多分支结构时,一定要弄清楚条件表达式出现的前后顺序关系,否则极易造成逻辑上的错误,导致出现错误的结果。

提示:为防止漏掉条件的情况发生,建议在多分支结构的最后一定要写 else 语句。

4.2 循环结构

循环结构用于需要反复执行相同算法流程的情况,它可以使用少量代码进行大量的运算处理,是一种高效的流程控制方式。例如,在需要进行身份验证的系统中,如果用户输入的用户名或密码错误,系统会提示用户重新输入,直到输入正确或超过限制的次数为止。在各类程序设计语言中均有循环控制结构,并使用循环控制语句来进行控制。Python 有 for 和 while 两种循环控制语句。

4.2.1 for 循环

1. for 循环的基本结构

在 Python 中,for 循环也称为遍历循环,主要用于遍历任何序列的项目,如字符串、列表、字典、集合等,其语法格式如下:

```
for <循环变量> in <序列项目>:
    <语句块 1>
[else:
    <语句块 2>]
```

<循环变量>相当于一个计数器,<序列项目>可以是字符串、列表、字典、集合、文件、内建函数 range( )等。

当执行 for 循环时,从<序列项目>中依次提取数据,并将提取到的数据放在<循环变量>中,每提取一次数据就执行一次<语句块 1>,直到<序列项目>中再没有可以被提取的数据;else 为可选项,当循环正常执行完成之后才会被执行;for 循环的循环次数是由<序列项目>中元素的个数决定的。

for 循环对应的流程图如图 4-4 所示。

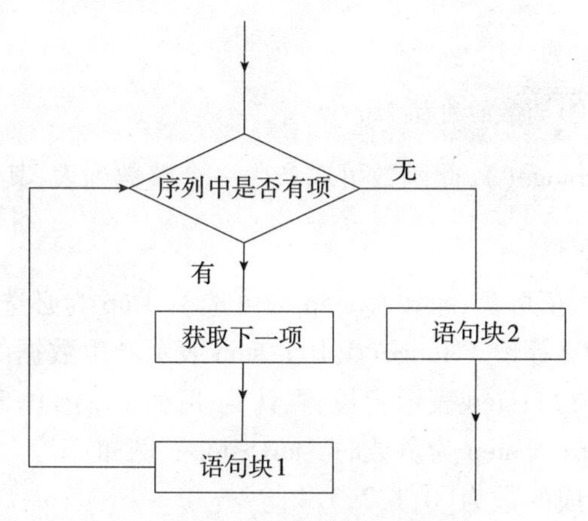

图 4-4　for 循环流程图

【例 4-4】输入一个字符串,使用 for 循环完成字符串的遍历。

程序代码如下:

```
s=input('请输入字符串:')
count=0
for i in s:
    count+=1
    print(i,end=',')
print('\n 输入的字符串长度为:',len(s))
print('共执行了%s 次循环' %count)
```

程序运行结果:

```
请输入字符串:Python 程序设计
P,y,t,h,o,n,程,序,设,计,
输入的字符串长度为:10
共执行了 10 次循环
```

本例中,函数 len( )的功能是获取字符串的长度。通过代码我们可以看出,每次循环都会从输入的字符串中提取一个字符并打印输出,count 为计数器变量,用于记录循环的执行次数,每执行一次循环,计数器增 1;本例中,循环共执行了 10 次,与输入字符串的长度一致。

【例 4-5】分别计算 1~1000 所有偶数与奇数的和。

程序代码如下:

```
evenSum=0
oddSum=0
for i in range(1,1001):
    if i % 2==0:
        evenSum+=i
    else:
        oddSum+=i
print('1~1000 偶数的和为:',evenSum,'奇数的和为:',oddSum)
```

程序运行结果：

```
1~1000 偶数的和为:250500 奇数的和为:250000
```

例 4-5 中使用了函数 range()，此函数可以产生一个整数列表，其使用方式如下：

```
range([start,]stop[,step])
```

其中，start、stop、step 可正可负；start 和 step 为可选项，stop 为必选项。start 表示起始数据，默认从 0 开始，如 range(10)等价于 range(0,10)；stop 表示产生数据的结束值，但不包括 stop。如 range(3)的结果是[0,1,2]；step 表示步长，默认为 1，如 range(0,5)等价于 range(0,5,1)。当 step 为正数时，start<stop；当 step 为负数时，start>stop。例如：

使用函数 range(5)生成的数为[0,1,2,3,4]。

使用函数 range(2,5)生成的数为[2,3,4]。

使用函数 range(1,5,2)生成的数为[1,3]。

使用函数 range(5,-1,-1)生成的数为[5,4,3,2,1,0]。

4.2.2 while 循环

while 循环与 for 循环本质上都是用于需要反复执行相同或类似操作的情况，但 while 一般用于循环次数难以提前确定的情况，而 for 循环用于循环次数可以提前确定的情况，尤其适用于枚举或迭代对象中元素的场合。while 循环的流程图如图 4-5 所示，其语法形式如下：

```
while 条件表达式:
    <语句块 1>
[else:
    <语句块 2>]
```

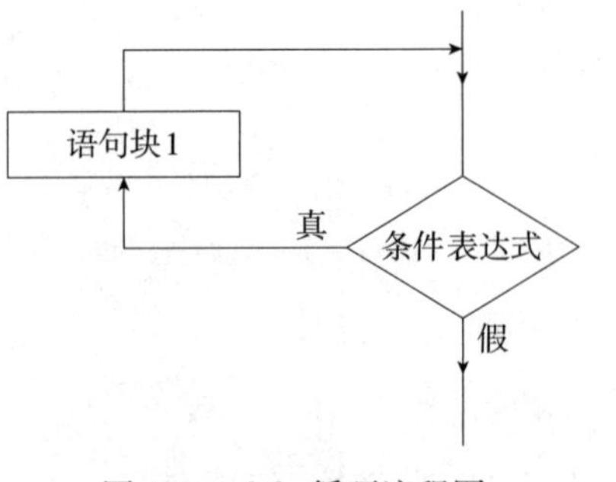

图 4-5 while 循环流程图

当条件表达式结果为真时执行<语句块 1>，直到条件表达式为假就结束整个循环；else 与 for 循环中 else 的作用相同。

需要注意的是，若 while 条件表达式的结果一直为真，循环将一直持续下去，这种情况我们称之为“死循环”。因此，在<语句块 1>中一定要有使条件表达式趋向于假值或强制中断循环的语句。

【例 4-6】输入学生成绩，打印输出最高分、最低分、平均分，当输入-1 时结束输入。

程序代码如下：

```
totalScore=maxScore=0                #总分数、最高分初始化
minScore=100                         #最低分数初始化
count=0                              #输入数据的个数计数器
score=eval(input('输入第一个分数:'))
while score !=-1:
    count+=1
    totalScore+=score
    maxScore=score if score>maxScore else maxScore
    minScore=score if score<minScore else minScore
    score=eval(input('输入下一个分数(输入-1结束):'))
avg=totalScore/count
print('最高分为=',maxScore,'最低分=',minScore,'平均分=',avg)
```

程序运行结果：

```
输入第一个分数:88
输入下一个分数(输入-1结束):94
输入下一个分数(输入-1结束):77
输入下一个分数(输入-1结束):68
输入下一个分数(输入-1结束):62
输入下一个分数(输入-1结束):56
输入下一个分数(输入-1结束):73
输入下一个分数(输入-1结束):-1
最高分为=94 最低分=56 平均分=74.0
```

程序分析：

编写代码时，我们并不知道用户具体需要输入多少个数据，因此程序需要提供允许用户持续输入数据的功能，但为了保证程序的正常结束，必须设定满足一定条件时终止用户的输入。在本例中，当用户输入-1时结束输入。

4.2.3　嵌套循环

在一个循环结构内又包含另一个完整的循环结构，称为嵌套循环。内嵌的循环结构还可以嵌套循环，即多层循环嵌套。单循环结构一般用于一维数据问题的处理，而嵌套循环用于多维数据的处理。例如，在例4-6中，实际上处理的是多人一门课的数据，若要处理多人多门课程的数据就需要使用嵌套循环进行处理。

在嵌套循环中，总循环次数=第一层循环次数×第二层循环次数×第三层循环次数×…。因此，虽然理论上循环可以无限层数地进行嵌套，但若嵌套的层数太大，将极大地影响程序的执行效率。在这种情况下，应该考虑重新设计算法。一般建议循环嵌套的层数不要超过3层。

以下几种嵌套循环均是合法的：

(1)for循环嵌套for循环：

```
for <循环变量1> in <序列项目1>:
    for <循环变量2> in <序列项目2>:
        <语句块>
```

(2)while 循环嵌套 while 循环：

```
while 条件表达式 1：
    while 条件表达式 1：
        <语句块>
```

(3)for 循环嵌套 while 循环：

```
for <循环变量> in <序列项目>：
    while 条件表达式：
        <语句块>
```

(4)while 循环嵌套 for 循环：

```
while 条件表达式：
    for <循环变量> in <序列项目>：
        <语句块>
```

while 嵌套 while 循环流程图如图 4-3 所示。

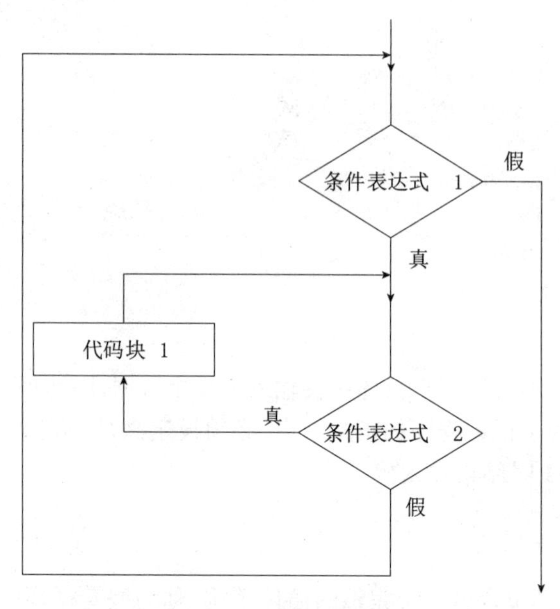

图 4-6　嵌套循环流程图

【例 4-7】打印九九乘法表。

问题分析：

九九乘法表显然是一个二维数据的处理问题，需要用嵌套循环，并且循环次数是确定的，可以采用 for 循环结构实现。

按照九九乘法表的常见形式，第一行输出 1×1=1，第二行输出 1×2=2　2×2=4，第三行输出 1×3=3　2×3=6　3×3=9，依此类推。通过分析我们可以得出，在此问题中，需要有一个输出行数的控制，通过外层循环进行，还需要一个每行输出项的控制，通过内层循环进行；每一行需要输出项的个数与外层循环变量当前的取值是同步的，内层循环可以直接借用；同时，外层循环次数从 1 变化到 9，内层循环也是从 1 变化到 9，与打印九九乘法表有相同的变化规律。综合以上几点，我们可以考虑直接利用内、外层的循环变量输出 1~9，不再单独设置变量输出。

由此,我们可以得到如下的程序代码:

```
for i in range(1,10):
    for j in range(1,i+1):
        print(j,'×',i,'=',i*j,' ',end='')
    print()
```

程序运行结果:

```
1×1=1
1×2=2  2×2=4
1×3=3  2×3=6   3×3=9
1×4=4  2×4=8   3×4=12  4×4=16
1×5=5  2×5=10  3×5=15  4×5=20  5×5=25
1×6=6  2×6=12  3×6=18  4×6=24  5×6=30  6×6=36
1×7=7  2×7=14  3×7=21  4×7=28  5×7=35  6×7=42  7×7=49
1×8=8  2×8=16  3×8=24  4×8=32  5×8=40  6×8=48  7×8=56  8×8=64
1×9=9  2×9=18  3×9=27  4×9=36  5×9=45  6×9=54  7×9=63  8×9=72  9×9=81
```

4.2.4　break 与 continue 语句

循环结构有两个辅助循环控制的保留字:break 和 continue。break 也称循环中断语句,不管循环控制条件是否为真,一旦 break 语句被执行,将使得 break 语句所属层次的循环结构直接结束;continue 也称循环短路语句,不管循环控制条件是否为真,一旦 continue 语句被执行,则提前结束本次循环,直接执行下一次循环。break 语句用于跳出整个循环结构,continue 语句用于跳出本次循环。

提示:break 与 continue 只对所属层次循环结构有效。

【例 4-8】打印 100~200 的素数。

问题分析:

素数又称质数,是指在大于 1 的自然数中,除了 1 和它本身以外不再有其他因数的自然数。根据这一定义,判断一个自然数 n 是否为素数需要用从 2 到 n-1 的数依次去除 n,一旦发现有一个数可以整除 n,就说明 n 不是素数;若从 2 到 n-1 的数都不能整除 n,则 n 就是素数。由此我们可以看出,若要使用循环语句检测一个数是否为素数,此循环不一定需要完成全部的检查,满足条件时可以直接中断循环,从而提高效率。综合上述分析,我们可以得到如下的代码:

```
flag=1          #标记一个数是否为素数,1 表示为素数,0 表示不是素数
primeCounter=0              #保存素数个数
for i in range(100,201):
    for j in range(2,i-1):  #判断是否为素数
        if i%j==0:
            flag=0
```

```
                break
            else:
                flag=1
                continue
        if flag:
            print(i,end=' ')
            primeCounter+=1
            if primeCounter%10==0:
                print()
print('\n100~200 之间素数的个数为:',primeCounter)
```

程序运行结果:

```
101 103 107 109 113 127 131 137 139 149
151 157 163 167 173 179 181 191 193 197
199
100~200 之间素数的个数为:21
```

程序分析:

在本例中,外层循环用于对 100~200 的数进行遍历,内层循环对每个数 i 是否在 2~i-1 之间进行判断。一个数是否为素数我们使用变量 flag 进行标记,flag 默认值为 1,表示该数为素数。内层循环中的 break 语句用于当判断对象不是素数时直接中断循环,以减少循环次数,提高程序执行效率;continue 用于跳出本次循环(它在本例中并没有实际意义,只是为了演示)。当内层循环正常结束或被 break 中断跳出内层循环后,再对 flag 进行判断,若 flag 为 1,则表明外层循环当前的遍历对象是素数,将它输出,并控制每行输出 10 个数。

思考:①为什么要将 flag 重置为 1? ②语句 flag=1 是否可以写在 continue 前或后?有什么区别? ③语句 flag=1 写在内层循环最后与写在 continue 语句前有没有区别?

4.3 综合案例

4.3.1 穷举法

穷举法也称列举法、枚举法、暴力法,是一种简单而直接地解决问题的方法,它是利用计算机运算速度快、精度高的特点,对要解决问题的所有可能答案一一列举,并依据条件判断答案是否合适,合适就保留,不合适就丢弃。

理论上穷举法可以解决可计算领域中的各种问题,但由于穷举法要列举问题的所有情形,当要解决问题的规模较大时,所需要的运算时间会比较长。因此,在实际应用中,当要解决问题的规模不大,设计一个更高效率的算法代价不值得时,我们多会采用穷举法。

穷举法一般有三个要素:

(1)穷举范围。

(2)判断条件。

(3)可能的解或者穷举结束条件。

使用穷举法时,应当充分利用现有的知识和条件,尽可能地缩小搜索空间,以缩短程序的运行时间。

【例 4-9】百钱买百鸡。《算经》提出:鸡翁一,值钱五;鸡母一,值钱三;鸡雏三,值钱一;百钱买百鸡,则翁、母、雏各几何?

问题分析:

百钱买百鸡是一个较为典型的可以使用穷举法求解的问题。在此,设鸡翁、鸡母、鸡雏的数量分别为 x,y,z,由题意可得到如下方程:

$$x + y + z = 100$$

$$x \times 5 + y \times 3 + z/3 = 100$$

现在我们有两个方程,三个未知数,未知数个数多于方程数,这种情况我们称之为不定方程组。要求得不定方程组的解一般还需增加其他的约束条件。根据题意我们可知,x、y、z 的值都应为正整数,且 x 的取值范围应为 0~20(假如 100 元全买鸡翁),y 的取值范围应为 0~33(假如 100 元全买鸡母),z 的取值范围应为 0~100(假如 100 元全买鸡雏)。由此我们可以依次对 x、y、z 取值范围内的各数进行尝试,找出满足前面两个方程的组合。

依据上面的分析,我们可以得到如下的代码:

```
print('鸡翁数','鸡母数','鸡雏数',sep='\t')
line='-'* 24
print(line)
for x in range(0,20):
    for y in range(0,33):
        z=100-x-y
        if 5*x+y*3+z/3==100:
            print(x,y,z,sep='\t')
```

程序运行结果:

```
鸡翁数	鸡母数	鸡雏数
------------------------
0	25	75
4	18	78
8	11	81
1	24	84
```

4.3.2　迭代法

迭代是重复反馈过程的活动,每一次对过程的重复就称为一次迭代,而每次迭代得到的结果会作为下一次迭代的初始值。迭代法也称辗转法,就是重复执行一系列运算步骤,通过前面的量依次求出后面的量的过程,此过程的每一次结果,都是对前一次所得结果实施相同的运算步骤得到的。换句话说,就是使用相同的算法,不断使用旧值递推新值的过程。它一般通过从一个初始估计值出发寻找一系列近似解来解决问题,其基本思想是把一个复杂而庞大的计算过程转换为简单过程的多次重复。迭代法有如下四要素:

（1）确定迭代变量。即在拟解决的问题中至少存在一个直接或间接地不断由旧值递推出新值的变量。

（2）建立迭代关系。即迭代变量的前一个值与后一个值的关系。

（3）确定迭代变量初始值。初始值不同迭代的结果可能不同，每次迭代的结果作为下一次迭代的初始值。

（4）迭代结束条件。迭代不能无休止地重复下去，必须在一定条件下结束。一种情况是迭代次数是个确定的值，或者可以计算出来；另一种情况是迭代次数无法确定，需要进一步分析出用来结束迭代过程的条件。

【例 4-10】某个品种的兔子从出生的下一个月开始，每月新生一只兔子，新生的兔子也如此繁殖。假设所有的兔子都不死去，则到第 12 个月，共有多少只兔子？

问题分析：

这是一个典型的递推问题。我们假设第 1 个月时兔子数为 x1，第 2 个月时兔子数为 x2，第 3 个月时兔子数为 x3，依此类推，根据题意，则有：

$$x1 = 1, x2 = x1 + x1 \times 1, x3 = x2 + x2 \times 1, \cdots$$

根据这个规律，可以归纳出下面的公式：

$$x = x(n-1) \times 2 (n \geqslant 2)$$

对应 x 和 x(n-1) 可以定义两个迭代变量 y 和 m，可将上面的公式转换成如下的迭代关系：

$$y=m*2$$
$$m=y$$

根据迭代公式我们可以得到如下的代码：

```
m=1               #兔子初始数量
for i in range(2,13):
    y=m*2
    m=y
print('第 12 个月兔子数量为:',m)
```

程序运行结果：

```
第 12 个月兔子数量为:2048
```

习　题

一、填空题

1. Python 的两种循环控制语句为＿＿＿＿＿和＿＿＿＿＿。
2. 在循环结构中，＿＿＿＿＿语句的作用是强制结束本层循环。
3. 在循环结构中，＿＿＿＿＿语句的作用是强制结束本次循环。
4. 5 if 5>6 else(6 if 3>2 else 5) 的值为＿＿＿＿＿。
5. Python 的关键字 elif 是＿＿＿＿＿和＿＿＿＿＿两个单词的缩写。
6. for…else 中的 else 语句只有在 for 语句＿＿＿＿＿结束才会被执行。
7. 函数 range(3) 生成的数为＿＿＿＿＿＿＿＿。

8. 函数 range(10,-1,-3)生成的数为＿＿＿＿＿＿＿＿＿＿。
9. 若外层循环执行次数为 5,内层循环执行次数为 10,那么总的循环次数为＿＿＿＿＿。
10. 使用 range()函数生成 1~10 的奇数应写为＿＿＿＿＿＿＿＿＿＿。

二、选择题

1. 在 Python 中,以下语句错误的是(　　)。
   A. x=y=z=1　　B. x=(y=z+1)　　C. x,y=y,x　　D. x+=y
2. 以下符合 Python 语法且能正确执行的是(　　)。
   A. min=x if x<y=y　　B. max=x>y? x:y
   C. if(x>y) print(x)　　D. while True:pass
3. for 或 while 与 else 搭配使用时,对于 else 对应语句块的执行情况是(　　)。
   A. 总会执行　　B. 永不执行
   C. 仅循环正常结束时执行　　D. 仅循环非正常结束时执行
4. 下列有关 break 语句与 continue 语句不正确的是(　　)。
   A. 多个循环语句彼此嵌套时,break 语句只适用于最内层的语句
   B. continue 语句类似于 break 语句,也必须在 for、while 循环中使用
   C. continue 语句结束循环,继续执行循环语句的后继语句
   D. break 语句结束循环,继续执行循环语句的后继语句
5. for var in ＿＿＿＿＿:

```
    print(var)
```

下列哪个选项不符合上述程序空白处的语法要求?(　　)
   A. range(10)　　B. {1;2;3;4}
   C. 'Hello'　　D. (1,2,3)
6. 以下关于程序的控制结构,描述错误的是(　　)。
   A. 流程图可以用来展示程序结构
   B. 顺序结构有一个入口
   C. 控制结构可以用来改变程序的执行顺序
   D. 循环结构可以没有出口
7. 函数 range(5)创建的整数列表为(　　)。
   A. [0,1,2,3,4]　　B. [1,2,3,4,5]
   C. [0,1,2,3,4,5]　　D. [1,2,3,4,5,6]
8. 以下代码的输出结果为(　　)。

```
s='Python'
for i in s:
    print(i,end=' ')
```

   A. P y t h o n　　B. 0、1、2、3、4、5
   C. Python　　D. i
9. 以下关于 while 语句错误的描述是(　　)。
   A. while 永远不会产生死循环

B. while 包含的语句块中必须要有使得判断条件趋向于假值的语句或跳出循环的语句

C. while 语句中不能使用 break 或 continue 语句

D. while 循环语句也称无限循环语句

10. 从键盘输入数字 5,以下代码的输出结果是(　　)。

```
m=eval(input('输入一个整数:'))
s=0
if m>=5:
    m-=1
    s=4
if m<5:
    m-=1
    s=3
print(s)
```

A. 4　　B. 3　　C. 0　　D. 2

三、编程题

1. 编写程序,从键盘输入年份,判断该年是否是闰年。若该年份能被 4 整除且不能被 100 整除或者该年份能被 400 整除,则该年份是闰年,否则不是。

2. 编写程序,找出全部的水仙花数。水仙花数是一个三位数,该数字等于组成该三位数的各位数字的立方和。例如,$1^3+5^3+3^3=153$。

3. 编写程序,从键盘输入 a、b、c 的值,计算一元二次方程 $ax^2+bx+c=0$ 的根,根据 b^2-4ac 的值等于 0,大于 0,及小于 0 分别进行讨论。

4. 编写程序,输出如下图形:

```
      *
    * * *
  * * * * *
* * * * * * *
  * * * * *
    * * *
      *
```

5. 编写程序,计算 1+2+3+…+100。

6. 编写程序,计算 1!+2!+3!+…+10!

参考答案

第5章
常用数据结构

学习目标

1. 理解各类组合数据类型的特点。
2. 掌握集合、列表、字典、元组的概念。
3. 掌握集合、列表、字典、元组数据类型的创建与操作方法。
4. 掌握集合、列表、字典、元组数据类型之间的区别。

知识导图

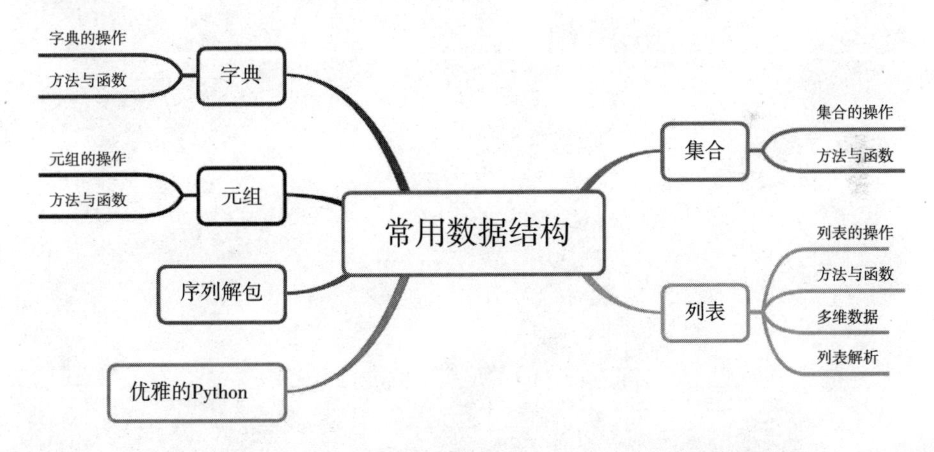

在解决实际问题的过程中,我们要处理的数据往往由多种数据类型构成,若要依靠单个变量表示这些数据,显然需要定义许多变量,这不但会增加变量命名的负担,而且也不便于对数据的理解。那么程序设计语言中有没有一种办法将多种类型的数据组合成一种数据类型而直接使用呢?这就出现了组合数据类型。组合数据类型中包含的每个元素可以是同一数据类型,也可以是不同数据类型,多个元素之间使用英文逗号进行分割。Python 中,组合数据类型主要有集合、列表、元组、字典四种。这些数据类型又可以分为三大类:集合类型、序列类型和映射类型。

集合类型是由 0 个或多个数据项组成的无序组合,相同元素在集合中唯一存在。

序列类型是 Python 中最基本的数据结构,元素之间存在先后关系,每个元素都有一个位置信息,即索引,索引值从 0 开始;相同元素可以重复存在;序列类型都可以进行索引、切片、加、乘、检查成员等操作。字符串类型和列表类型是序列类型数据的典型代表。

映射类型是由"键-值"组成的,每个元素是一个键值对,可以用<key,value>方式表示;元素之间是无序的;映射类型中元素的位置信息用"键"来表示,并且用户可以自定义键的内容;Python 中字典数据类型是映射类型的典型代表。

5.1　集合

Python中的集合是一个元素的集合(与数学中集合的概念一致),用大括号({})表示。其有3个特点:①元素不能重复出现;②元素之间无序;③每个元素必须是不可变数据类型,如整数、浮点数、字符串、元组,而列表、字典和集合本身都是可变类型,不能作为集合的元素。

5.1.1　集合的操作

1. 集合的创建

Python创建集合一般有两种方式,一种是直接使用大括号({})创建,另一种是使用set()函数创建。set()函数可用于创建空集,但不能使用{}创建空集,使用{}创建的是一个空字典。例如:

```
>>> s={100,3.14,'Python'}
>>> print(s)
{3.14,100,'Python'}
>>> type(s)
<class 'set'>
>>> s={}
>>> type(s)
<class 'dict'>
>>> s=set()
>>> type(s)
<class 'set'>
>>> s={'Python',(1,2,3)}
>>> s
{'Python',(1,2,3)}
>>> s={'Python',[1,2,3]}
Traceback (most recent call last):
    File "<pyshell#13>",line 1,in <module>
        s={'Python',[1,2,3]}
TypeError:unhashable type:'list'
>>> s={'Python',{'name':'Mary'}}
Traceback (most recent call last):
    File "<pyshell#14>",line 1,in <module>
        s={'Python',{'name':'Mary'}}
TypeError:unhashable type:'dict'
>>> s=set([1,2,3])
>>> s
{1,2,3}
>>>
```

从上面的代码可以看出,通过{}无法创建含有列表或字典元素的集合,但可以创建含有元组的集合;另外,若函数 set(x)中的 x 不提供,则实际上进行的是数据类型转换操作。

提示:创建集合时若有重复元素,Python 会自动删除重复元素。

2. 集合的运算

既然 Python 中集合的概念与数学中集合的概念一致,因此 Python 中的集合也可以进行交集、并集、差集、补集四种集合运算。表 5-1 给出了 Python 中的集合操作符。

表 5-1 集合操作符

操作符	表达式	描述
&	S&T	求交集,返回一个新集合,新集合元素为同时包括在 S 与 T 中的元素
|	S|T	求并集,返回一个新集合,新集合元素为 S 与 T 中所有的元素
-	S-T	求差集,返回一个新集合,新集合元素为包含在 S 中但不在 T 中的元素
^	S^T	求补集,返回一个新集合,新集合元素为 S 中与 T 中的非共同元素

例如:

```
>>> x=set('python')                #将字符串转换为集合
>>> y=set('jython')
>>> x,y
({'y','o','p','h','n','t'},{'y','o','h','j','n','t'})
>>> x&y                            #交集
{'y','o','h','n','t'}
>>> x|y                            #并集
{'y','o','p','h','j','n','t'}
>>> x-y                            #差集
{'p'}
>>> y-x                            #差集
{'j'}
>>> x^y                            #补集
{'j','p'}
>>>
```

成员运算符也可用于集合操作,如 x in S 就是判定元素是否包含在集合 S 中。集合类型可以方便地对元素去重,适合于任何组合数据类型。

提示:集合的交、并、差、补方法中的参数可以是多个集合,各集合间用逗号分开。

例如:

```
>>> s={'Python'}
>>> s
{'Python'}
```

```
>>> s.add(123)
>>> s
{'Python',123}
>>> s.update({'name':'Mary'})
>>> s
{'Python','name'}
>>> s.add({'name':'Mary'})
Traceback (most recent call last):
  File "<pyshell#36>",line 1,in <module>
    s.add({'name':'Mary'})
TypeError: unhashable type: 'dict'
>>> s.remove(123)
>>> s
{'Python'}
>>>
```

3. 集合元素的访问

我们知道,集合中的元素没有索引和位置信息,因此,访问集合元素时,一般使用成员操作符 in 访问。如使用循环控制结构遍历集合:

```
>>> s={3.14,89,'Python'}
>>> for i in s:
        print(i,end='')
893.14 Python
>>>
```

5.1.2　集合操作的方法与函数

方法属于面向对象程序设计领域,其本质也是函数,Python 中所有的数据类型都采用面向对象的方式实现,因此,大部分数据类型都有一些方法。方法与函数的调用方式不同,函数采用 f(p)的方式调用(f 为函数名),而方法采用 obj.f(p)的方式调用(obj 为对象名,f 为对象的方法名)。

表 5-2 给出了一些集合操作的常用方法与函数。

表 5-2　集合操作的常用方法与函数

方法或函数	描述
s.add(x)	在集合中增加一个元素 x;若 x 已存在则不进行任何操作
s.remove(x)	删除集合中的元素 x,若 x 不存在,则产生 KeyError 异常
s.discard(x)	删除集合中的元素 x,若 x 不存在,则不会发生错误
s.pop()	随机删除集合中的一个元素
s.update(x)	在集合中增加元素 x;x 可以是多个数据(用逗号分开),也可以是类别、元组、字典
s.clear()	清空集合
s.copy()	拷贝一个集合

(续)

方法或函数	描述
s. intersection(x)	返回集合的交集,与“&”操作相同
s. union(x)	返回集合的并集,与“|”操作相同
s. difference(x)	返回集合的差集,与“-”操作相同
s. symmetric_difference(x)	返回集合的补集,与“^”操作相同
len(x)	返回集合中元素的个数
max(x)	返回集合中的最大项
min(x)	返回集合中的最小项
sorted()	从集合中的元素返回新的排序列表(不排序集合本身)
sum()	返回集合中所有元素之和
set(x)	将其他组合类型变成集合类型,也可生成空集

5.2 列表

Python 中的列表是一种常用的序列类型数据,列表中元素的数据类型可以是 Python 支持的任意类型数据,没有长度限制;列表的元素也可以是另一个列表,从而形成嵌套列表;列表的索引与字符串的索引具有相同的定义与使用方式。

5.2.1 列表的操作

1. 列表的创建

列表用方括号([])表示,可以直接使用[]生成列表,也可以用 list(x)函数生成,x 可以是集合、元组或字符串,表示将 x 转换成列表类型,当 x 不存在时生成一个空列表。

```
>>> ls=[3.14,12,34,'Python',['程序设计','语言']]          #定义列表
>>> ls
[3.14,12,34,'Python',['程序设计','语言']]
>>> ls=list('3.1456')          #将字符串转换为列表
>>> ls
['3','.','1','4','5','6']
>>> ls=list({'Python','程序设计'})          #将集合转换为列表
>>> ls
['程序设计','Python']
>>> ls=[1,2,[3,4]]          #嵌套列表
>>> ls
[1,2,[3,4]]
>>>
```

提示:当 list(x)中的 x 是一个字符串时,字符串中的每个字符都会被转换成一个列表元素;当 list(x)中的 x 是一个集合时,集合的每个元素会被转换成一个列表元素。

例如：

```
>>> list('Python')
['P','y','t','h','o','n']
>>> list({3.14,'A','B'})
[3.14,'A','B']
>>>
```

2. 列表元素的访问

访问列表元素通过<列表名>[索引]的方式进行，对嵌套列表通过<列表名>[索引][子列表索引]的方式访问。

示例：

```
>>> ls=[3.14,89,['Python','程序设计']]
>>> ls[0]
3.14
>>> ls[2]
['Python','程序设计']
>>> ls[2][1]
'程序设计'
>>>
```

3. 列表的切片

在解决实际问题的过程中，经常需要从一个对象中截取一部分值。切片(slice)正是专门用于实现从对象中提取部分值的操作。多数情况下，如果表达式得当，可以通过单次或多次操作实现任意目标值的切取。列表切片操作的基本表达式为：

```
<列表对象>[start:end:step]
```

上面表达式的基本含义是，切取从 start 位置到 end±1 位置区间的元素。start 和 end 可正可负，且其取值必须在列表对象的索引区间内；step 可正可负，其绝对值为切取数据的步长，即每 step 个元素提取一个元素；当 step 省略时，默认值为 1。step 的正负号决定了切取的方向，正表示从左向右切取，负表示从右向左切取。

其有如下 5 种使用方式：

- [:]表示从头(默认位置 0)开始到末尾结束；
- [start:]表示从 start 切取到列表末尾结束；
- [:end]表示从头 0 切取到 end-1 结束；
- [start:end]表示从 start 切取到 end-1 结束；
- [start:end:step]表示从 start 切取到 end±1(step 为正时加，step 为负时减)位置的元素，每 step 个元素切取一个数据。

(1)切片操作示例。下面以列表对象 ls=[0,1,2,3,4,5,6,7,8,9]为例对列表切片操作的各种情况进行演示：

①切取单个元素：

```
>>> ls=[0,1,2,3,4,5,6,7,8,9]
>>> ls[0]     #切取单个元素
0
>>> ls[-2]    #切取单个元素
8
```

②切取整个列表：

```
>>> ls[:]
[0,1,2,3,4,5,6,7,8,9]
```

step 默认值为正，从左向右切取，start 和 end 省略，切取整个列表。

```
>>> ls[::-1]
[9,8,7,6,5,4,3,2,1,0]
```

step 为负，从右向左切取，start 和 end 省略，切取整个列表。

③start 和 end 全为正的情况：

```
>>> ls[1:5]
[1,2,3,4]
```

step 默认值为正，从左向右切取，start<end，正常切取部分数据。

```
>>> ls[1:5:-1]
[]
```

step 为负，从右向左切取，而 start<end，返回空值。

```
>>> ls[8:3]
[]
```

step 默认值为正，从左向右切取，而 start>end，返回空值。

```
>>> ls[:4:-1]
[9,8,7,6,5]
>>> ls[:5:-1]
[9,8,7,6]
>>> ls[:6:-1]
[9,8,7]
```

step 为负，从右向左切取，start 省略表示从起点开始切取，由于是从右向左的切取方式，因此，起点就是最右边第一个元素。

```
>>> ls[6:]
[6,7,8,9]
```

step 默认值为正，从左向右切取，而 end 省略表示从 start 开始切取到右边最后一个位置结束。

```
>>> ls[6::-1]
[6,5,4,3,2,1,0]
```

step 为负，从右向左切取，而 end 省略表示从 start 开始切取到左边第一个位置结束。

④start 和 end 全为负的情况：

```
>>> ls[-1:-4]
[]
```

step 默认值为正,从左向右切取,start>end,返回值为空。

```
>>> ls[-1:-4:-1]
[9,8,7]
```

step 为负,从右向左切取,而 start>end,正常切取。

```
>>> ls[-4:-1]
[6,7,8]
```

step 默认值为正,从左向右切取,而 start<end,正常切取。

```
>>> ls[-4:-1:-1]
[]
```

step 为负,从右向左切取,而 start>end,返回空值。

```
>>> ls[:-6]
[0,1,2,3]
```

step 默认值为正,从左向右切取,而 start 省略,表示从左边第一个元素开始切取。

```
>>> ls[:-6:-1]
[9,8,7,6,5]
```

step 为负,从右向左切取,而 start 省略,表示从最右边第一个元素开始切取。

```
>>> ls[-6::-1]
[4,3,2,1,0]
```

step 为负,从右向左切取,而 end 省略,表示从 start 开始切取到左边第一个元素结束。

⑤start 和 end 正负混合使用的情况：

```
>>> ls[1:-5]
[1,2,3,4]
```

step 为正,从左向右切取,start>end,正常切取。

```
>>> ls[1:-5:-1]
[]
```

step 为负,从右向左切取,而 start>end,返回空值。

```
>>> ls[-1:5]
[]
```

step 为正,从左向右切取,而 start<end,返回空值。

```
>>> ls[-1:5:-1]
[9,8,7,6]
```

step 为负,从右向左切取,而 start<end,正常切取。

⑥多层切片操作:

```
>>> ls[:7][1:5][-1:]
[4]
```

上面的代码等价于:

```
ls[:7]=[0,1,2,3,4,5,6]
ls[:7][1:5]=[1,2,3,4]
ls[:7][1:5][-1:]=[4]
```

只要上一次切片操作返回的是非空对象,理论上可以无限次进行多层切片操作。

(2)在实际应用中,常用的切片操作如下:

①切取偶数位置数据:

```
>>> m=ls[::2]
>>> m
[0,2,4,6,8]
```

②切取奇数位置数据:

```
>>> m=ls[1::2]
>>> m
[1,3,5,7,9]
```

③修改单个元素:

```
ls[2] = ['A','Python']
>>> ls
[0,1,['A','Python'],3,4,5,6,7,8,9]
```

④在某个位置插入元素:

```
>>> ls=[0,1,2,3,4,5,6,7,8,9]
>>> ls[3:3]=['A','Python']
>>> ls
[0,1,2,'A','Python',3,4,5,6,7,8,9]
```

在插入操作中,start 必须等于 end。需要注意的是,此种方法只能插入可迭代的数据对象。例如,执行下面的代码会发生错误:

```
>>> ls[3:3]=10
Traceback (most recent call last):
    File "<pyshell#36>",line 1,in <module>
        ls[3:3]=10
TypeError: can only assign an iterable
```

这是因为数字 10 不具有迭代功能,只是一个值而已,而前面的代码插入的字符串本身就是可以进行迭代操作的。

提示:可迭代对象就是可用 for 循环遍历的对象。在 Python 中,序列、集合、字典都属于可迭代对象;与迭代对象对应的是迭代器,它与可迭代对象的区别在于,可迭代对象实现了“__iter__”方法,而迭代器实现了“__iter__”和“__next__”方法。“__iter__”方法用于返回迭代器自身,“__next__”方法用于返回下一个值。

若要插入数字型数据,可以使用下面的代码:

```
>>> ls[3:3] = (10,)
```

⑤替换一部分元素:

```
>>> ls=[0,1,2,3,4,5,6,7,8,9]
>>> ls[3:6]=['A','B']
>>> ls
[0,1,2,'A','B',6,7,8,9]
>>> ls[3:]=['C']
>>> ls
[0,1,2,'C']
```

在替换操作中,start 与 end 不能相等。

⑥拷贝对象:

```
>>> ls=[0,1,2,3,4,5,6,7,8,9]
>>> ls1=ls[:]
>>> id(ls)
65060496
>>> id(ls1)
11383312
```

或者:

```
>>> ls1=ls.copy()
>>> id(ls1)
11587056
>>> id(ls)
65060496
```

从上面的代码可以看出,两者的内存地址不同,因此拷贝操作生成的是一个新的对象。这与直接赋值不同,赋值操作后两个变量共用的是同一个内存对象。

```
>>> ls1=ls
>>> id(ls)
65060496
>>> id(ls1)
65060496
```

(3)注意事项。切片操作非常灵活,在具体应用中使用频率也非常高,但比较容易出错。

通过以上代码，我们可以对切片操作进行总结，在应用的过程中把握好以下几点，可最大限度地降低出错的概率：

①start、end、step 三者可同为正、同为负，或正负混合。当 start 表示的实际位置在 end 的左边时，从左往右取值，此时 step 必须是正数；当 start 表示的实际位置在 end 的右边时，表示从右往左取值，此时 step 必须是负数，否则切片操作返回的是空值。

②当 start 或 end 省略时，取值的起始、终止和位置由 step 的正负来决定，这种情况不会有取值方向矛盾(即不会返回空列表[ ])，但正和负取到的结果顺序是相反的，因为一个向左，一个向右。

③step 的正负是必须要考虑的，尤其是当 step 省略时，如 a[-1:]，很容易就误认为是从"终点"开始一直取到"起点"，即 a[-1:]= [9,8,7,6,5,4,3,2,1,0]，但实际上 a[-1:]=[9](注意不是9)。原因在于 step 省略时，step 默认值为 1，表示从左往右取值，而起始位置 start = -1 本身就是对象最右边的元素了，再往右已经没数据了，因此结果只含有 9 一个元素。

④取单个元素(不带":")时，返回的是对象的某个元素，其类型由元素本身的类型决定，与母对象无关。如 a[0]=0、a[-4]=6，元素 0 和 6 都是数值型，而母对象 a 却是 list 型。取连续切片(带":")时，返回结果的类型与母对象相同，哪怕切取的连续切片只包含一个元素，如上面的 a[-1:]=[9]，返回的是一个只包含元素"9"的 list，而非数值型"9"。

5.2.2 列表操作的方法与函数

除了对列表进行切片操作外，在实际应用中还经常对列表进行删除、追加、统计元素个数、获取列表长度、排序、获取最大值与最小值、拼接列表等操作。表 5-3 给出了列表操作的常用方法与函数。

表 5-3 列表操作的常用方法与函数

方法或函数	描述
ls. append(x)	在列表的末尾增加一个元素 x
ls. insert(i,x)	在列表的第 i 个位置插入元素 x
ls. remove(x)	删除列表中的元素 x
ls. pop([i])	将列表中第 i 个元素取出并删除，若 i 省略则删除最后一个元素
ls. clear()	清空列表
ls. count(x)	统计元素 x 在列表中出现的次数
ls. index(x)	获取列表中元素 x 第一次出现的索引值
ls. reverse()	将列表中的元素反转，不生成新列表
ls. copy()	生成一个新列表，并拷贝 ls 中的所有元素
ls. sort()	将列表排序，不生成新列表
ls. extend(x)	将可迭代对象 x 与 ls 合并，即扩展列表 ls
len(x)	返回列表中元素的个数
max(x)	返回列表中的最大项
min(x)	返回列表中的最小项
sorted()	从列表中的元素返回新的排序列表(不排序列表本身)
sum()	返回列表中所有元素之和

提示:可以使用关键字 del 删除列表中的一个元素或片段,如 del <列表变量>[索引序号]或 del <列表变量>[索引起始序号:索引结束序号:[步长]]。

1. 列表的拼接

```
>>> x=['A']*3
>>> x
['A','A','A']
>>> y=2*[5]
>>> y
[5,5]
>>> x+y
['A','A','A',5,5]
```

使用“*”可以生成多个相同的列表元素,“+”操作将两个列表连接成了一个新的列表,原有列表不会改变。

2. 插入列表元素

列表的方法 append()、extend()和 insert()都可以在列表中插入元素,例如:

```
>>> ls=[1,2,3]
>>> ls.insert(2,456)
>>> ls
[1,2,456,3]
>>> ls.insert(2,['A',12])
>>> ls
[1,2,['A',12],456,3]
>>> ls.append(['B',34])
>>> ls
[1,2,['A',12],456,3,['B',34]]
>>> ls.extend(['C',56])
>>> ls
[1,2,['A',12],456,3,['B',34],'C',56]
>>> ls.extend('AB')
>>> ls
[1,2,['A',12],456,3,['B',34],'C',56,'A','B']
>>>
```

使用 extend()方法是在列表末尾将另一个序列展开后进行追加,而 append()和 insert()方法是将待插入的元素作为一个对象在指定位置进行插入,不展开。

3. 删除列表元素

remove()、pop()方法和 del()函数用于删除列表中的元素。

```
>>> ls
[1,2,['A',12],456,3,['B',34],'C',56]
```

```
>>> ls.remove(['B',34])                     #删除指定的元素
>>> ls
[1,2,['A',12],456,3,'C',56]
>>> ls.pop(5)                               #删除指定位置上的元素,并返回删除的元素
'C'
>>> ls
[1,2,['A',12],456,3,56]
>>> ls=[1,2,['A',12],456,3,56]
>>> ls.pop()
56
>>> ls
[1,2,['A',12],456,3]
>>> del ls[2]                               #删除指定位置上的元素
>>> ls
[1,2,456,3]
>>>
```

4. 列表的排序

列表方法 sort()和内置函数 sorted()都可以对列表进行排序。执行列表排序方法是对原列表进行的操作,原列表元素默认按照升序排列,不会产生新列表;执行内置函数 sorted()将产生一个新的列表,原列表不会发生改变。这两种排序方式,都要求列表元素的数据类型必须相同,也就是各个元素之间要有可比性。

```
>>> ls=[5,3,15,11,9]
>>> a=sorted(ls)             #生成了一个新的列表
>>> a
[3,5,9,11,15]                #新列表进行了排序
>>> ls
[5,3,15,11,9]                #原列表没有排序
>>> ls.sort()
>>> ls
[3,5,9,11,15]                #原列表进行了排序
>>> ls=[5,3,9,'A','py']
>>> ls.sort()
Traceback (most recent call last):
    File "<pyshell#40>",line 1,in <module>
        ls.sort()
TypeError: '<' not supported between instances of 'str' and 'int'
>>> ls=[[9,2],[5,3]]
>>> ls.sort()
>>> ls
[[5,3],[9,2]]
```

5. 其他操作

```
>>> ls.index(5)       #获取指定元素在列表中第一次出现的位置(索引)
3
>>> ls.count(5)       #获取指定元素在列表中出现的次数
2
>>> ls.count(9)
1
>>> ls.reverse()                #反转列表
>>> ls
[7,9,5,5,3,2,1]
>>> len(ls)           #获取列表长度,即元素的个数
7
```

【例5-1】列表的遍历。

```
ls=[3.14,567,'Python','程序']
print("遍历方法1:")
for i in ls:
    print('序号:%s 值:%s' %(ls.index(i),i),end='')
print('\n遍历方法2')
for i in range(len(ls)):
    print('序号:%s 值:%s' %(i,ls[i]),end='')
print('\n方法3:')
for i,val in enumerate(ls):
    print('序号:%s 值:%s' %(i,val),end='')
```

程序运行结果:

```
遍历方法1:
序号:0 值:3.14 序号:1 值:567 序号:2 值:Python 序号:3 值:程序
遍历方法2
序号:0 值:3.14 序号:1 值:567 序号:2 值:Python 序号:3 值:程序
方法3:
序号:0 值:3.14 序号:1 值:567 序号:2 值:Python 序号:3 值:程序
```

方法1采用的是通过循环直接获取列表元素的方式,这也是遍历列表最常用、最简便的一种方式;方法2是通过下标访问,具体做法是先通过len()函数取得列表的长度,再用range()函数得到一个从0到列表长度范围的整数列表,最后再通过下标遍历列表;方法3是用enumerate()将列表组合为一个索引序列,这个序列的每个元素都是一个元组,每个元组由原列表元素的下标和数据组成,最后再进行遍历操作。

enumerate()是内置函数,其作用是将操作对象组合成索引+数据的格式。函数调用方式为enumerate(iterable[,start=0]),参数iterable是一个可迭代对象(如字符串、集合、列表、元组、字典等),start为索引的起始值,默认为0,返回值是一个enumerate类;在同时需要索引(index)和值(value)的时候可以使用此函数。它的返回值是一个形如(index,value)的元组。

5.2.3 多维数据

通常情况下,列表是一维数据。若列表的元素也是一个列表,即列表又嵌套了一个列表,就构成了二维列表,多层嵌套就构成了多维数据。字典与元组类似。

二维数据有时也被称为表格数据,一般由具有一定关联关系的数据构成,如数学中的矩阵、Excel 表格数据等。从表现形式上来看,二维数据其实就是多个一维数据的组合形式。相比一维数据和二维数据,多维数据能表达更加灵活和复杂的数据关系,但多维数据很难用直观的形式进行表达。我们常见和常用的是一维数据和二维数据。

二维列表:

[[1,1],[2,2],[3,3]]

三维列表:

[[[1,1,1]],[[2,2,2]],[[3,3,3]]]

对于一维数据的遍历我们采用单层循环控制结构,对二维数据的遍历采用双层循环控制结构,依此类推。

【例 5-2】编写程序遍历二维数据列表。

程序代码:

```
ls=[
        [89,64,77,88],
        [76,74,68,93],
        [65,83,71,89],
        [70,82,62,87]
   ]
print('二维数据遍历结果为:')
for row in ls:
    for col in row:
        print(col,end=' ')
    print()
```

程序运行结果:

```
二维数据遍历结果为:
89 64 77 88
76 74 68 93
65 83 71 89
70 2  62 87
```

5.2.4 列表解析

列表解析(list comprehension)也称列表推导式,有时也称为生成式,是另一种生成列表的方法,它能在影响可读性的情况下,用一行代码代替十几行代码,而且性能还会提高很多。

使用列表解析方式生成列表有如下两种方式:

1. [expression for iter_val in iterable]

expression 是一个表达式,它是对 iter_var 进行的操作;for iter_val in iterable 的作用是,将

列表 iterable 中的元素一一取出放入 iter_val,各个 iter_val 经过 expression 操作后生成的各个值作为列表的元素。

2. [expression for iter_val in iterable if cond_expr]

这种方式比第一种方式多了一项条件判断,意思是如果 if 后面的 cond_expr 为真,才取出 iter_val 放入列表。

下面的代码演示了使用一般和列表解析两种方式,生成 0~100 能被 3 整除的数组成的列表。

(1)一般方式:

```
ls=[]
for i in range(1,101):
    if i % 3==0:
        ls.append(i)
```

(2)列表解析方式:

```
ls=[i for i in range(1,101) if i % 3 ==0]
```

在列表解析的表达式中,还可以使用带 if else 的语句。例如,有一列表 a=['2','4','a','b','9'],要求将 a 中不是数字的内容都转换为 None,使用列表解析的方式如下:

```
[int(i) if str(i).isdigit() else None for i in a]
```

Python 中除列表解析外,还有字典解析与集合解析,使用方式与列表解析相似,只不过它们生成的是字典或集合。

5.3 字典

字典是一种可变容器模型,可存储任意类型的对象,它通过<键:值>的方式构造数据,也就是将数据映射到一个键上,或者说将数据与键进行绑定,进而通过键查找对应的数据。键不允许重复出现,且必须不可变,因此,键可以是数字、字符串或者元组,但不能是列表。Python 中的字典类型(dic,全称 dictionary)数据用大括号({})表示,每个元素都是一个键值对。其使用方式如下:

d={<键1:值1>,<键2:值2>,…,<键n:值n>}

由于{}可以表示集合,所以字典也可以被认为是一种特殊的集合,它具有与集合类似的性质,如各元素(键值对)之间没有顺序、不能重复等。虽然都用{}表示数据,但要注意字典与集合是两种不同的数据类型。

5.3.1 字典的操作

1. 字典的创建

可以使用函数 dict()和{}两种方式创建字典。

> **提示:**直接使用{}生成的是字典类型,而不是集合类型,如 s={},s 是字典类型。

```
>>> d=dict()          #创建空字典
>>> d
{}
>>> d1={}             #创建空字典
>>> d1
{}
>>> d={'姓名':'小明','性别':'男'}
>>> d
{'姓名': '小明','性别': '男'}
```

2. 字典的访问

我们知道集合是没有索引的，但由于字典元素采用键值对的方式表达数据，可以认为“键”就是“值”的索引，因此可以采用如下方式访问字典中的元素：

<字典对象>[<键>]

```
>>> student={'2019001':'张三','2019002':'李四','2019003':'王五'}
>>> print(student['2019002'])
李四
```

使用赋值语句可以修改字典元素，例如：

```
>>> student['2019001']='小明'
>>> print(student['2019001'])
小明
```

5.3.2 字典操作的方法与函数

1. 字典操作的方法

字典提供了一系列方法来访问、添加、删除其中的键、值或键值对。表 5-4 给出了字典操作中的常用方法。

表 5-4 字典操作的常用方法

方法	描述
dic. keys()	返回字典中所有键的信息
dic. values()	返回字典中所有值的信息
dic. items()	返回字典中所有的键值对
dic. copy()	赋值一个字典
dic. get(key[,default=None])	获取键对应的值信息，键不存在则返回默认值 default
dic. pop(key[,default])	删除 key 对应的值，返回值为被删除的值；key 必须给出，否则返回 default 值
dic. popitem()	随机删除字典的一个键值对，返回值为删除的键值对，以元组方式表达

（续）

方法	描述
dic. clear( )	清空字典
dic. update(dic2)	用字典 dic2 更新字典 dic

示例：

（1）返回字典所有的键、值和键值对。

```
>>> d={'姓名':'小张','语文':80,'数学':100}
>>> d.keys()              #返回字典所有键
dict_keys(['姓名','语文','数学'])
>>> d.values()            #返回字典所有值
dict_values(['小张',80,100])
>>> d.items()             #返回字典所有键值对
dict_items([('姓名','小张'),('语文',80),('数学',100)])
```

（2）清空字典。clear( )方法可以清空字典中所有的元素。需要注意的是，对于两个关联的字典对象 x 和 y，若将 x 赋值为空字典，对 y 不会产生影响，而使用 clear( )方法清空 x，则 y 也将被清空。原因是，赋值操作产生的是一个新的字典，而原来的字典对象 y 在内存中依然存在。例如：

```
>>> x={'课程':'Python'}
>>> y=x
>>> x,y
({'课程': 'Python'},{'课程': 'Python'})
>>> id(x),id(y)
(6466128,6466128)                #清空前，x 与 y 的内存地址相同
>>> x.clear()
>>> x,y
({},{})
>>> id(x),id(y)
(6466128,6466128)                #清空后，x 与 y 的内存地址也相同
>>> x={}                         #重新创建了 x
>>> id(x),id(y)
(6401408,6466128)                #赋值后，x 与 y 的内存地址不同
```

（3）添加元素。向字典添加元素有两种方法，一种是使用 update( )方法，另一种是通过键值对方式添加。例如：

```
>>> d={'语文':96}
>>> x={'数学':100,'语文':97}
>>> d.update(x)            #方法一
>>> d
{'语文': 97,'数学': 100}
>>> d.update(历史='98')
```

```
>>> d
{'语文': 97,'数学': 100,'历史': '98 '}
>>> d['英语']=97          #方法二
>>> d
{'语文': 97,'数学': 100,'历史': '98 ','英语': 97}
>>>
```

从上面的代码可以看出:无论是方法一还是方法二,如果字典中没有指定的键,就向字典中添加该键和值,若已经存在,则修改键对应的值。

(4)删除元素。pop()方法用来删除字典中的键值对,并返回给定键的值。

```
>>> d={'语文': 96,'数学': 100,'英语': 97}
>>> d.pop('英语')
97
>>> d
{'语文': 96,'数学': 100}
```

(5)以键查值。get()方法用于访问字典某个键对应的值,若访问的键不存在,返回 None。它也可以在键不存在的情况下,自定义默认值。例如:

```
>>> d={'语文': 96,'数学': 100,'英语': 97}
>>> d.get('数学')
100
>>> d['语文']
96
>>> d.get('物理')
>>> print(d.get('物理'))
None
>>> print(d.get('物理',60))
60
```

(6)字典按值排序。在实际应用中,有时需要对字典按值进行排序。可以采用内置函数 sorted()与字典的方法 values()组合对字典进行排序,它返回的同样是一个列表。

```
>>> sorted(d.values())  #升序
[1,2,3]
>>> sorted(d.values(),reverse=True)  #降序
[3,2,1]
>>>
```

(7)修改字典的键。由于字典的键并不能直接被修改,需要另辟蹊径。通常的做法是,将新键与要修改键对应的值组成键值对,添加到字典中,然后再删除要修改的键值对。一般可以使用三种方法达到这一目的。下面以字典 d= {'a':1,'b':2},将键'a'修改为'c'为例演示三种方法的使用。

第一种方法:

```
>>> d['c']=d.pop('a')
>>> d
{'b': 2,'c': 1}
>>>
```

第二种方法：

```
>>> d.update({'c':d.pop("a")})
>>> d
{'b': 2,'c': 1}
>>>
```

第三种方法：使用 del 方法。

```
>>> d['c']=d['a']
>>> del d['a']
>>> d
{'b': 2,'c': 1}
>>>
```

【例 5-3】字典的遍历。

```
student={'2019001':'张三','2019002':'李四','2019003':'王五'}
for i in student:
    print('学号:',i,'姓名:',student[i])
```

程序运行结果：

```
学号:2019001 姓名:张三
学号:2019002 姓名:李四
学号:2019003 姓名:王五
```

【例 5-4】有一组学生信息如下表所示，编写程序，以字典类型存储学生信息（键为学号，值为姓名），并将所有以 2018 开头的学号修改为 2019。

学号	姓名
2018001	张三
2018002	李四
2018003	王五
2017001	小明

```
student={'2018001':'张三','2018002':'李四','2018003':'王五','2017001':'小明'}
print('修改前的数据为:',student)
sID=list(student.keys())
for no in sID:
    prefixNo=no[:4]
    if prefixNo=='2018':
```

```
        newNo='2019'+no[4:]
        student[newNo]=student.pop(no)          #将键值(即学号)进行修改
print('修改后的数据为:',student)
```

程序运行结果:

```
修改前的数据为:{'2018001':'张三','2018002':'李四','2018003':'王五','2017001':'小明'}
修改后的数据为:{'2017001':'小明','2019001':'张三','2019002':'李四','2019003':'王五'}
```

程序分析:

前面提供的三种修改字典键的方法只能修改单个键,本例提供了一种批量修改字典键的方法。总体思路是,先获取字典所有的键,并以列表形式存放,然后通过遍历列表(字典的键),利用字典方法 pop()返回键的对应值,并删除原有键值对的特性,为字典添加新的元素,最终实现批量修改。

> **思考**:为什么要使用 sID=list(student.keys())语句? 如果不将字典的键转换为列表,直接遍历字典的键进行修改会有什么结果?

2. 字典操作的函数

函数 len()、max()、min()、sorted()、sum()同样可以对字典进行操作。默认情况下,max()和 min()函数返回的是字典"键"的最大值或最小值,而不是"值"的最大值或最小值。sorted()函数同样是对字典"键"的操作,而非对"值"的操作。

例如:

```
>>> door={'01':'木门','02:':'铁门','03':'防盗门'}
>>> max(door)
'03'
>>> min(door)
'01'
>>> sorted(door)
['01','02:','03']
>>>
```

5.4 元组

元组与列表比较相似,但它是一种不可变数据类型,也就是说已经定义就不可改变。Python 的元组(tuple)类型用小括号"()"表示,各元素的数据类型可以互不相同,每个元素有个索引位置,可以通过索引访问元组元素。

5.4.1 元组的操作

1. 元组的创建

元组的创建很简单,可以直接使用小括号"()"创建,也可以使用 tuple()函数创建。一般

有三种形式,如下所示:

```
>>> >>> tup1=()             #创建空元组
>>> tup1
()
>>> tup2=tuple()            #创建空元组
>>> tup2
()
>>> tup3=(1,)               #创建只有 1 个元素的元组
>>> tup3
(1,)
>>> tup4=3,'a',9            #创建元组
>>> tup4
(3,'a',9)
```

2. 元组的访问

元组元素的访问与列表类似,都是通过元组的索引号(下标)来进行的,例如:

```
>>> tup1 =(3.14,'Python','程序设计')
>>> print(tup1[0])
3.14
>>> print(tup1[1:])
('Python','程序设计')
```

提示:在 Python 中没有使用关闭分隔符(大括号、方括号、小括号),且以逗号分隔的无符号对象默认都是元组,如 x=3,4。如果创建的元组中仅包含一个元素,也必须在该元素后面加上逗号,否则不会创建元组,如 y=(2,)。

5.4.2　元组操作的方法与函数

由于元组是不可变数据类型,相对集合、列表和字典而言,元组提供的方法是最少的,没有增、删、改、查等,除了可作用于元组的 Python 内置函数外,只有 count()和 index()两个方法。如表 5-5 所示。

表 5-5　元组操作的方法与函数

函数或方法	描述
len(x)	返回元组中元素的个数(长度)
max(tuple)	返回元组中的最大值
min(tuple)	返回元组中的最小值
sum()	返回元组中所有元素之和
tuple(seq)	将 seq 转换为元组,seq 可以是任意可迭代对象
tup.count(x)	返回元素 x 在元组中出现的次数
tup.index(x)	返回元素 x 在元组中第一次出现的索引序号

tuple()函数不但能创建空元组,还可以将可迭代对象转换为元组,它返回的是一个新的元组对象。

```
>>> ls=[4,5,6]
>>> tup1=tuple(ls)
>>> tup1
(4,5,6)
>>> ls
[4,5,6]
>>> r=range(5)
>>> r
range(0,5)
>>> tup2=tuple(r)
>>> tup2
(0,1,2,3,4)
>>> dic={'学号':'2020001','姓名':'小明'}
>>> dic
{'学号': '2020001','姓名': '小明'}
>>> tuple(dic)                    #将字典转换为元组
('学号','姓名')
```

提示:tuple()函数的参数若为字典类型,则是将键值转换为元组,键所对应的值不进行转换。

元组的元素值是不允许被修改的,但可以对元组进行连接,例如:

```
>>> tup1=(1,2,3)
>>> tup2=('a','b','c')
>>> tuip1 + tup2
>>> tup1 + tup2
(1,2,3,'a','b','c')
>>>
```

同样,元组的元素也是不允许被删除的,但是可以使用 del 语句删除整个元组,例如:

```
>>> tup1=(1,2,3)
>>> del tup1
>>> tup1
Traceback (most recent call last):
  File "<pyshell#23>",line 1,in <module>
    tup1
NameError: name 'tup1' is not defined
>>>
```

可以使用 in 操作符查看一个元素是否存在于元组中,使用 max()和 min()函数获取元组中的最大值与最小值,使用 sum( )函数得到元素中所有元素的和,使用 count( )方法统计某个元素在元组中出现的次数,使用 index( )方法获取某个元素在元组中第一次出现的位置。

```
>>> t=(1,2,3,4,5)
>>> 3 in t
True
>>> max(t)
5
>>> min(t)
1
>>> sum(t)
15
>>> t. count(4)
1
>>> t. index(3)
2
```

元组同样可以进行切片操作,与列表操作规则相同。

```
>>> t=(0,1,2,3,4,5,6,7)
>>> t[:]
(0,1,2,3,4,5,6,7)
>>> t[::-1]
(7,6,5,4,3,2,1,0)
>>> t[:4]
(0,1,2,3)
>>> t[1:4]
(1,2,3)
>>> t[-1:]
(7,)
```

5.5　集合、列表、字典、元组的比较

集合、列表、字典、元组这 4 种数据类型,既有相同的地方,也有不同的地方。最基本的相同之处在于它们的元素都是由定界符括起来的,同时,各元素都是以英文逗号进行分割的。表 5-6 详细地给出了它们之间的异同之处。

表 5-6　集合、列表、字典、元组的比较

	集合	列表	字典	元组
是否可变	是	是	是	否
是否可重复	否	是	是	是
是否有序	否	是	否	是
是否可切片	否	是	否	是
是否可修改	是	是	是	否

（续）

	集合	列表	字典	元组
存储方式	键	值	值	键值对
定义符号	{}	[]	{}	()
创建方式	①{}直接创建 ②set()	①[]直接创建 ②list() ③列表生成式	①{}直接创建 ②dict() ③dict(zip())	①()直接创建 ②tuple()
添加元素	add,update	append,insert	dic['key']='value'	只读
删除元素	remove,discard	remove	pop,popitem	只读
读取元素	无	ls[index]	dic['key'];get()	tup[index]
切片	不支持	支持	不支持	支持
+,*	不支持	支持	不支持	支持
其他	不能作为字典的键	不能作为字典的键		可以作为列表的键

了解这 4 种类型的异同点，是编写代码的基础。而在实际应用中，采用什么样的数据类型来表达需要处理的数据，相对数字和字符串而言，在集合、列表、字典、元组的选择上有时可能会比较模糊。一般而言，它们的应用场景如下：

1. 集合的应用场景

集合就是把字典所有的值设置成了 None，它与数学中的集合具有相同的性质，因此，可在如下场景中使用：

（1）数据对象需要进行交、并、差等运算。

（2）数据对象没有重复。

（3）不需要考虑数据的顺序问题。

2. 列表的应用场景

尽管列表可以存储不同的数据类型，但在开发中，更多的应用场景如下：

（1）列表存储相同类型的数据。

（2）通过迭代变量，在循环结构内，针对列表的每个元素，执行相同的操作。

（3）元素的个数可能会发生变化。

3. 字典的应用场景

在许多应用中需要利用关键字访问数据，如通过学号找到某个学生，显然使用列表或元组是难以完成这一任务的。因此，可在如下场景使用字典：

（1）需要使用关键字查找信息。

（2）需要使用键值对的形式才能完整表达一项数据。

（3）不需要考虑数据的顺序问题。

4. 元组的应用场景

元组与列表最主要的区别是元组不可变，而列表可变。在实际应用中，可在如下情况下使用元组：

（1）定义一个常量集。

（2）需要对原有数据进行安全保护。

（3）定义函数的参数和返回值。

(4)格式化字符串。

以上只是在编写代码时选择数据类型的基本参考,在实际应用中可能会遇到各种各样的情况,有时还需要将各种类型的数据进行组合表达,比如在列表中嵌套字典型数据。我们可以在具体分析问题与数据的基础上,合理地进行选择。

5.6　序列解包

序列解包是 Python 中非常重要和常用的一项功能,它可以使用非常简洁的形式完成复杂的功能,可以极大地减少代码的输入量,而不降低程序的可读性。

元组声明 t='a','b','c',可以被称为打包操作,也就是将'a'、'b'、'c'打包后赋值给 t,与之相反的就是解包操作,即将等号右侧的数据按顺序依次赋给等号左边的变量,变量的个数要与包中元素的个数相同。例如:

```
>>> x,y,z=1,2,3                  #多个变量同时赋值
>>> print(x,y,z)
1 2 3
>>> t=('a','b','c')
>>> x,y,z=t
>>> print(x,y,z)
a b c
>>> x,y,z=range(5,8)
>>> print(x,y,z)
5 6 7
>>> x,y=y,x                      #交换两个变量
>>> print(x,y)
6 5
>>>
```

序列解包还可以用于列表、字典、enumerate 对象、zip 对象等。对字典进行解包时,默认是对字典的键进行操作,若要对键值对进行操作应使用字典的 items( )方法,对字典的值进行操作应使用字典的 values( )方法明确指定。

```
>>> ls=[1,2,3]
>>> x,y,z=ls             #列表解包
>>> print(x,y,z)
1 2 3
>>> d={'a':1,'b':2,'c':3}
>>> x,y,z=d              #对字典的键解包
>>> print(x,y,z)
a b c
>>> x,y,z=d.items()      #对字典的键值对解包,返回的是元组
>>> print(x,y,z)
('a',1) ('b',2) ('c',3)
>>> x,y,z=d.values()     #对字典的值解包
```

```
>>> print(x,y,z)
1 2 3
>>> x,y,z='str'          #对字符串解包
>>> print(x,y,z)
s t r
```

使用序列解包可以方便地同时遍历多个序列。

```
>>> s =['a','b','c']
>>> for i,v in enumerate(s):
        print('索引:{},值:{}'.format(i,v))
索引:0,值:a
索引:1,值:b
索引:2,值:c
>>> d={'a':1,'b':2,'c':3}
>>> for k,v in d.items():
        print('键:{},值:{}'.format(k,v))
键:a,值:1
键:b,值:2
键:c,值:3
>>> x=['a','b','c']
>>> y=[1,2,3]
>>> for i,v in zip(x,y):
        print((i,v),end='')
('a',1) ('b',2) ('c',3)
>>>
```

内置函数 zip()的功能是将参数(可迭代对象)对应的元素打包成一个个元组。其调用形式如下:

zip(iter1 [,iter2 [...]])

例如:

```
>>> ls=['a','b','c']
>>> x=['a','b','c']
>>> y=[1,2,3]
>>> zip(x,y)
<zip object at 0x0061FFD0>
>>> z=zip(x,y)
>>> for i in z:
        print(i)
('a',1)
('b',2)
('c',3)
>>>
```

在上例中，zip 打包时，将列表 x 中的' a '与列表 y 中的元素 1 组合为一个元素，x 中第二个元素' b '与 y 中的第二个元素 2 打包为一个元素，依此类推。

5.7　优雅的 Python

Python 的设计理念是"优雅、明确、简单"，但到目前为止，我们对此还未有具体的体会，前面所书写的代码也没有具体体现。下面列举出了 9 种常用的优雅写法：

1. 多变量赋值

常规写法：逐个赋值。

```
a=1
b=2
c=3
```

优雅写法：按顺序一一赋值。

```
a,b,c=1,2,3
```

2. 交换变量

常规写法：引入第三个变量进行过渡。

```
a=1
b=2
c=a
a=b
b=c
```

优雅写法：直接交换。

```
a=1
b=2
a,b=b,a
```

3. 判断语句

常规写法：

```
x=-3
if x < 0:
    y=-x
else:
    y=x
```

优雅写法：

```
x=-3
y=-x if x < 0 else x
```

4. 判断范围

常规写法：

```
x=73
if x>=70 and x < 80:
    print('B')
```

优雅写法：

```
x=73
if 70 <= x < 80:
    print('B')
```

5. 多条件判断(任一个条件为真即为真)

常规写法:使用 or 组合每个条件。

```
x,y,z=77,63,89
if x < 60 or y < 60 or z < 60:
    print('D')
```

优雅写法:使用 any( )函数。

```
x,y,z=77,63,89
if any([x<60,y<60,z<60]):
    print('D')
```

6. 多条件判断(全部条件为真才为真)

常规写法:使用 and 组合每个条件。

```
x,y,z=77,63,89
if x > 60 and y > 60 and z > 60:
    print('C')
```

优雅写法:使用 all( )函数。

```
x,y,z=77,63,89
if all([x>60,y>60,z>60]):
    print('C')
```

7. 序列解包(将列表中的多个元素赋给变量)

常规写法:使用索引将列表元素分别赋给变量。

```
ls=['数学','物理','化学']
c1=ls[0]
c2=ls[1]
c3=ls[2]
```

优雅写法:声明变量直接接收元素。

```
ls=['数学','物理','化学']
c1,c2,c3=ls
```

8. 遍历序列元素和下标

常规写法:使用 for 循环遍历元素和下标。

```
ls=['数学','物理','化学']
    for i in range(len(ls)):
print(i,':',ls[i])
```

优雅写法:使用 enumerate()函数。

```
ls=['数学','物理','化学']
for i,j in enumerate(ls):
    print(i,':',j)
```

9. 为空判断

常规写法:

```
a='abc'
if a != None:
    print('非空')
```

优雅写法:

```
a='abc'
if a:
    print('非空')
```

通过上面的对比可以看出,优雅的写法更加简洁、明了,在一定程度上也符合我们的逻辑思维习惯。

在例 4-8 中判断素数我们也可是使用如下简洁的书写方式:

```
0 not in [i%j for j in range(2,j)]
```

如果返回的结果为 True 表明 i 为素数,返回 False 则 i 为合数。

5.8 综合案例

在实际应用中,经常会遇到 TopN 的需求,这时就需要对数据进行排序。排序算法就是使得数据按照要求排列的方法。在数据量较大的情况下,先对数据进行排序,然后再对数据进行筛选和计算,这样往往会节省大量资源,提高程序运行效率。排序一般有升序排列和降序排列两种,目前常见的排序算法有 10 种:冒泡排序、选择排序、插入排序、希尔排序、归并排序、快速排序、堆排序、计数排序、基数排序、桶排序。此处只介绍冒泡排序、选择排序两种算法。

1. 冒泡排序

冒泡排序是一种简单的排序算法,适合数据规模较小的排序,它的原理比较简单:两两比较相邻的数据,如果反序则交换(值大的向下沉,值小的向上浮),直到没有反序的数据为止。算法具体步骤如下:

(1)将第 1 个数据和第 2 个数据进行比较,如果第 1 个数据比第 2 个数据大,就交换它们两个。

(2)对之后的第 2 个数据与第 3 个数据进行比较,依此类推,并按规则进行交换,直到最后一对数。这样经过一趟排序后,数列中的最后一位将是最大的一个数。

(3)重复(1)和(2),直到排序完成。从(3)开始,每趟参加比较的数据个数减一,因为经过前面的排序,最后面的数已经有序排列。

【例 5-5】设一个无序数列中有 10 个数,使用冒泡法对其按升序排序。

问题分析:

一个数列可以使用多种方式进行存储,但需要考虑数列中可能会存在相同的数据,因此不要使用集合保存数据。在具体使用中,多数情况下我们会使用列表保存数字型数据。按照冒泡法的思想,数列中有多少个数,就会进行多少趟扫描,且每趟扫描只能将剩余没有排序数据中最大的数“沉底”,因此需要使用双重循环实现算法。其中,外层循环用于控制扫描的趟数,内层循环用于两两比较并交换。由此可以得到如下程序代码:

```
data=[3,20,36,54,6,42,55,34,12,77]
print('排序前的数据为:')
for i in data:
    print(i,end=' ')
length=len(data)
for i in range(length):
    for j in range(1,length-i):
        if data[j-1]>data[j]:
            data[j],data[j-1]=data[j-1],data[j]
print('\n 排序后的数据为:')
for i in data:
    print(i,end=' ')
```

程序运行结果:

```
排序前的数据为:
3 20 36 54 6 42 55 34 12 77
排序后的数据为:
3 6 12 20 34 36 42 54 55 77
```

2. 选择排序

选择排序法同样是一种简单、直观的排序算法,其算法步骤如下:

(1)首先从数列中找到最小或最大的数,将其放在序列的起始位置。

(2)从剩余未排序的数中继续寻找最小或最大的数,将其放到已排序序列的末尾。

(3)重复(2),直到所有数据均排序完毕。

【例 5-6】设一个无序数列中有 10 个数,使用选择法对其按升序排序。

问题分析:

选择排序法与冒泡排序法的实现有许多相似之处,不同的是,在冒泡法中,每趟扫描如果每一对数的大小顺序不对就要进行一次交换,而在选择排序法中,每趟扫描只是找到未排序数据中的最小或最大数,最后将其放在已排序序列的末尾,只需要进行一次交换。按照此思路,在第 1 趟扫描时,先假设第 1 个数就是最小或最大数,第 2 趟扫描时就假设第 2 个数是最小或最大数,依此类推;在每趟扫描过程中,如果找到比假设位置小或大的数,就将此位置记录下来;每趟扫描完成后,若记录的最小或最大数位置与本次扫描第1次设定的位置不同,就将这两个位置的数进行交换。由此可以得到如下程序代码:

```
data=[1,22,35,57,6,42,25,89,13,7]
print('排序前的数据为:')
for i in data:
    print(i,end='')
length=len(data)
for i in range(length-1):
    minIndex=i                    #假设i位置为最小数
    for j in range(i+1,length):
        if data[j]<data[minIndex]:
            minIndex=j            #记录最小数的下标
    if i != minIndex:             #若i位置不是最小数,将i位置的数和最小数进行交换
        data[i],data[minIndex]=data[minIndex],data[i]
print('\n排序后的数据为:')
for i in data:
    print(i,end='')
```

程序运行结果:

```
排序前的数据为:
1 22 35 57 6 42 25 89 13 7
排序后的数据为:
1 6 7 13 22 25 35 42 57 89
```

【例5-7】编写程序,验证身份证号码的有效性。

问题分析:

我国的第2代身份证号是由17位数字和1位校验码组成的。其中,前6位为所在地编号,第7~14位为出生日期,第15~17位为登记流水号,其中第17位为性别(偶数为女,奇数为男),第18位为校验码。

要验证身份证号码的正确性,可以从以下几个方面进行验证:

- 验证身份证号的长度。
- 验证前17位是否都是数字。
- 验证所在地编号,一般要先获取我国的行政区代码,然后进行比对。
- 验证出生日期。
- 验证校验码。

本例中,我们只验证第①、第②、第④、第⑤项,先不验证所在地编号。

校验码并不是随便给定的,而是按照一定算法生成的。校验码的生成方法如下:

①将第1~17位的数分别乘以不同系数。它们的系数分别为7,9,10,5,8,4,2,1,6,3,7,9,10,5,8,4,2。

②将前17位数字和系数相乘的结果相加。

③用相加的结果对11求余。

④余数只可能是0~10这11个数字,它们分别对应的校验码为1、0、X、9、8、7、6、5、4、3、2。

程序代码：

```
import time
w=[7,9,10,5,8,4,2,1,6,3,7,9,10,5,8,4,2]
ID_check=['1','0','X','9','8','7','6','5','4','3','2']
while True:
    ID=input('请输入 18 位身份证号码:')
    if len(ID)!=18:
        print('错误的身份证号')
        continue
    elif not ID[:17].isdigit():                    #验证前 17 位是否都是数字
        print('错误的身份证号')
        continue
    else:
        #验证出生日期
        birth=ID[6:14]
        try:
            time.strptime(birth,'%Y%m%d')
        except:
            print('出生日期错误')
            continue
        ID_ver=ID[17]                              #身份证号最后一位
        ID_sum=0
        for i in range(len(w)):
            ID_sum +=int(ID[i])*w[i]
            checkcode=ID_sum % 11        #计算校验码
        if ID_ver != ID_check[checkcode]:
            print('错误的身份证号码,校验码出错')
            continue
        else:
            print('正确')
            print('出生日期:{}年{}月{}日'.format(ID[6:10],ID[10:12],ID[12:14]))
            break
```

习　题

一、填空题

1. 创建一个空集合可以用__________________。
2. 创建一个空列表可以用__________或__________。
3. 创建一个空字典可以用__________或__________。
4. 创建一个空元组可以用__________或__________。

5. 运算符__________可用于集合的交集运算。
6. 运算符__________可用于集合的并集运算。
7. 集合的方法__________可向集合添加一个元素。
8. 集合的方法__________可向集合删除一个元素。
9. 可用__________的形式访问列表元素。
10. 在列表切片操作中，当 step 为__________时，表示从右向左切取。
11. 在列表切片操作中，当__________参数省略时，表示从起点位置开始切取。
12. 列表的方法 append()、__________和 insert()可以向列表插入元素。
13. 内置函数__________可以完成对列表的排序操作。
14. 在字典中，每个元素都是一个键值对，其表达形式为____________________。
15. 字典的方法__________可以获取字典所有的键。
16. 字典的方法__________可以获取字典所有的值。
17. 字典的方法__________可以删除字典指定的键值对。
18. 列表解析可以生成一个新的__________。
19. 表达式[1] in [1,2,3]的值为__________。
20. 假设有列表 a=['name','age']，b=['Mary',18]，以 a 中的元素为键，b 中的元素为值转换为字典的表达式为____________________。
21. 表达式[1,2] * 2 的值为____________________。
22. 使用列表推导式生成包含 5 个 3 的列表，语句可以写为____________________。
23. 表达式 list(map(str,[1,2,3]))的值为____________________。
24. 执行 x=2==2,3 后，x 的值为____________________。
25. 表达式 list(range(1,5,2))的值为____________________。
26. 表达式 list(range(7))[::2]的值为____________________。
27. 使用切片操作，为列表对象 x 在第 3 个位置上增加一个元素 5 的代码为____________________。
28. 执行 x=(2)后，x 的值为__________。
29. 字典对象的__________方法可以获取指定键对应的值，并且可以指定当键不存在时返回一个默认值，如果不指定则返回 None。
30. 设 x={'a':1}，执行 x['b']=2 后，x 的值为____________________。
31. 表达式{1,2,3,4}-{3,4,5,6}的值为____________________。
32. 表达式 set([2,2,3,4,5])的值为____________________。
33. 若 x=[1,2,3]，则表达式 x[5:]的值为__________。
34. 若 x=[1,2,3]，那么执行 x[len(x):]=[5,6]后，x 的值为____________________。
35. 表达式 list(zip([1,2],[3,4]))的值为____________________。
36. x=[1,2,3]，执行 x.pop()后，x 的值为____________________。
37. x=[1,2,3]，执行 x.pop(1)后，x 的值为____________________。
38. 使用列表推导式得到[1,100)所有能被 11 整除的整数的代码为________________。

39. 表达式[i for i,v in enumerate([3,5,7,3,7]) if v==max([3,5,7,3,7])]的值为________。

40. 已知 x=[1,2],那么 list(enumerate(x))的值为________。

41. 已知 x=[1,2,3],那么执行 x[1:]=[4]后,x 的值为________。

42. 已知 x=[1,2,3],那么执行 x[:2]=[4]后,x 的值为________。

43. 已知 x=[1,2,3],那么执行 x[1:1]=[4,5]后,x 的值为________。

44. len([i+5 for i in range(10)])的值为________。

45. 已知 x=(2,),那么 x*3 的值为________。

46. 表达式['a',1]*2 的值为________。

47. 已知 x=list(range(5)),那么执行 del x[::2]后,x 的值为________。

48. 已知 x=[[1],[2]],那么 x[1]*2 的值为________。

49. 已知 x=[[1],[2]],那么 x[1][0]*2 的值为________。

50. 已知 x=[1,2],那么执行语句 y=x[:]后,表达式 id(x)==id(y)的值为________。

51. 已知 x=[1,2],那么执行语句 y=x 后,表达式 id(x)==id(y)的值为________。

52. 已知 x=[1,1,1],那么表达式 id(x[0])==id(x[1])的值为________。

53. 表达式(1,2)+(3,4)的值为________。

54. 表达式[3,4]+[5]的值为________。

55. 已知 x=[1,2],那么执行语句 y=x 和 y.append(3)后,x 的值为________。

56. 执行语句 x,y,z=map(str,range(3))后,变量 y 的值为________。

57. 表达式{1,2,3}=={1,3,2}的值为________。

58. 表达式 sorted({'a':12,'b':9,'c':55}.values())的值为________。

59. 已知 x=[1,2,3],则表达式 not(set(x*10)-set(x))的值为________。

60. 已知 x=[1,2,3,4,5],那么执行语句 x[::2]=range(3)后,x 的值为________。

二、判断题

1. 列表、元组、字符串属于有序序列。( )

2. 集合、字典属于无序序列。( )

3. 字典是不可变序列,而列表、元组和集合是可变序列。( )

4. 集合的元素不可重复,而列表、元组的元素可重复。( )

5. 字典的键和值都可重复。( )

6. 列表与元组都支持切片操作,而字典和集合都不支持切片操作。( )

7. 列表和元组都可作为字典的键。( )

8. 列表、元组、字典和集合都支持“+”和“*”运算。( )

9. 字典的键必须是不可变的。( )

10. 字典中的值不可重复。( )

11. 假设 x 为列表对象,那么 x.pop()和 x.pop(-1)的作用是一样的。( )

12. 无法删除集合中指定位置的元素,只能删除特定值的元素。( )

13. 使用切片操作不能修改列表中的元素。( )

14. 表达式 list('[1,2,3]')的值是[1,2,3]。( )

15. 当以指定键作为下标给字典对象赋值时，若该键存在则表示修改该键对应的值，若不存在，则表示为字典添加一个新的键值对。（　　）

16. 表达式{1,2} * 2 的值为{1,2,1,2}。（　　）

17. 已知 x={'a':1,'b':2}，那么语句 x['c']=3 无法正常执行。（　　）

18. 列表的 sort()方法只支持升序排序。（　　）

19. 已知 x=(1,2,3)，那么执行 x[0]=4 后，x 为(4,1,2,3)。（　　）

20. 表达式 int('1' * 4,2)与 sum(2 **i for i in range(4))的计算结果是一样的。（　　）

三、编程题

1. 编写程序，统计字符串中英文 a~z 的出现频率，忽略大小写。

2. 编写程序，实现 7 位密码的随机生成。要求密码中必须包括英文大写字母、小写字母和数字。

3. 设有两个 3 行 3 列的矩阵，编写程序，实现两个矩阵对应位置的相加，并返回一个新矩阵。

参考答案

第 6 章 字符串处理

学习目标

1. 能够熟练对字符串进行切片操作。
2. 能够熟练运用字符串格式化方法。
3. 掌握常用字符串处理函数与方法。
4. 能够熟练书写字符串处理程序。

知识导图

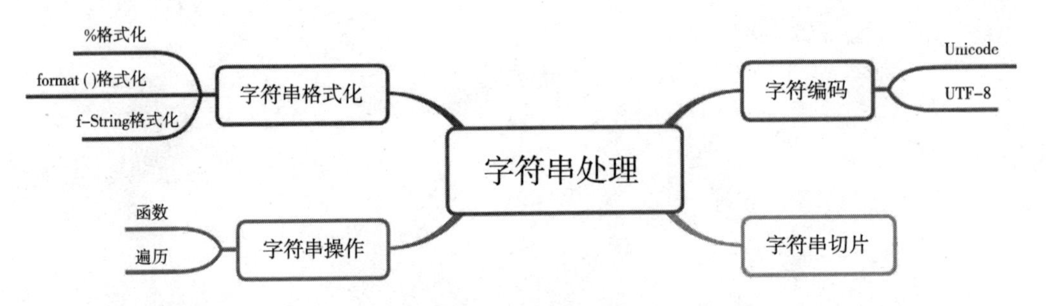

在实际应用中,各种各样的程序其实就是把字符串传来传去,然后根据不同的需求对字符串进行各种各样的处理。在 Python 中,字符串属于不可变序列,不能直接对字符串对象进行元素增加、删除与修改等操作,但它除了支持双向索引、比较大小、计算长度、元素访问、成员测试、切片等常用操作外,还可以进行格式化、查找、替换、排版等操作。字符串对象提供的 replace( ) 和 translate( ) 方法以及其他的排版方法也都不是对原字符串直接进行替换修改,而是产生一个新的字符串作为结果。

6.1 字符编码

人类所能理解的语言文字是一套由特定的字符构成的字符集,如英文字母、标点符号、阿拉伯数字、汉语汉字等,而计算机只能理解二进制数。将人类所使用的字符集转换为计算机所能识别的二进制码,这个过程就是编码,它的逆过程就是解码。

最早的字符编码是ASCII(美国标准信息交换码),它仅对10个数字、26个大小写英文字母和一些其他符号进行了编码。而在现实世界中,各国的文字都需要进行编码,于是又分别设计了多种不同的编码格式。目前常见的有Unicode、UTF-8、UTF-16、GB 2312、GBK等。Unicode(统一码、万国码、单一码)是国际标准化组织提出的字符编码标准,包含了Unicode字符集和一套编码规范,可以容纳世界上所有文字和符号字符,它为每种语言的每个字符都设定了统一并且唯一的二进制编码,能解决不同编码系统的冲突和乱码问题,可以满足跨语言、跨平台的字符转换与处理要求。而在Unicode标准中,目前使用的是UCS-4,即字符集中每一个字符的字符代码都用4个字节来表示,其中字符代码0~127兼容ASCII字符集,一般的通用汉字的字符代码也都集中在65535之前,使用大于65535的字符代码,也就是需要超过两个字节来表示的字符代码是比较少的。因此,对于使用少于4个字节就能实现的字符编码,仍然使用4个字节编码,势必会造成存储资源和传输资源的浪费。实际上,在多数情况下,我们混淆了字符代码和字符编码这两个概念。字符代码是特定的字符在某个字符集中的序号,而字符编码是在存储、传输过程中用于表示字符的以字节为单位的二进制序列。在ASCII、GB 2312和其他的一些编码系统中,字符代码与字符编码是一致的,而在Unicode中其实定义的是字符的代码,而对于如何进行编码并没有确定。

UTF是"Unicode Transformation Format"的缩写,也就是Unicode字符集转换格式,其作用就是在字符代码和字符编码之间进行再编码,是对Unicode标准的具体实现方案。UTF-8以字节为单位,针对不同范围内的Unicode字符代码采用不同长度的编码。例如,对英文字符用1个字节进行编码,对汉字用3个字节进行编码。UTF-16同理,就是以16位二进制数为基本单位对Unicode字符代码进行再编码。GB 2312是中文编码,使用1个字节表示英文字符,2个字节表示中文。

Python 2.x默认的字符编码是ASCII,当出现中文时,在运行时会出错;Python 3.x默认使用UTF-8编码格式,无论是一个数字、英文字母,还是一个汉字,都按一个字符对待和处理。在Python 3.x中甚至可以使用中文作为变量名或者函数名。

```
>>> import sys
>>> sys.getdefaultencoding()              #查看默认编码
'utf-8'
>>> s='程序设计'
>>> len(s)
4
>>> s='程序设计ABC'                       #汉字与英文字符同样对待,都算一个字符
>>> len(s)
7
```

```
>>> 课程名='Python 程序设计'          #用中文作为变量名
>>> print(课程名)                     #输出中文变量的值
Python 程序设计
>>>
```

6.2 字符串切片

字符串切片,也叫字符串的截取,就是从字符串中获取子字符串的操作,使用方法与列表的切片相同。

```
>>> m='人生若只如初见,何事秋风悲画扇'
>>> n='等闲变却故人心,却道故人心易变'
>>> m[0]
'人'
>>> m[-1]
'扇'
>>> m[0:-1]
'人生若只如初见,何事秋风悲画'
>>> m[1:-2]
'生若只如初见,何事秋风悲'
>>> m[-15::2]
'人若如见何秋悲扇'
>>> m[8:]
'何事秋风悲画扇'
>>> m[-7:-3]
'何事秋风'
>>> m[-3:]
'悲画扇'
>>>
```

6.3 字符串格式化

字符串格式化就是按照一定格式输出字符串。例如,若要输出时间 2019-08-08 18:20:25,这就是一个格式化的字符串,它的格式为 yyyy-mm-dd hh:mm:ss。字符串格式化首先往往要建立一个模板,模板一般包括三部分,第一部分是固定输出的内容,第二部分是动态数据部分,它一般用占位符代替,第三部分是变量或表达式,它将替换第二部分。

Python 3 有三种字符串格式化方式:百分号(%)解析、format()和 f-String 方式。

6.3.1 百分号解析方法

百分号解析方法是 Python 中一种"旧式"的字符串格式化方法,其使用方式如下:

```
<模板字符串> %变量或表达式
```

模板字符串中包括若干个“%”,“%”也叫占位符,用来控制表达式的显示。“%”的使用方式如下:

```
%[name][flag][width].[precision]type
```

“%”后面各项参数的作用及取值如表 6-1 所示。

表 6-1　格式参数

参数	用途	取值
name	可选项,用于选择指定的 key	
flag	可选项,表示格式化限定符号	+表示右对齐,整数加正号,负数加负号;-表示左对齐,正数前不加负号,负数前加负号;0 表示填充 0;#表示数据为二进制时前面补充 0b,为八进制时前面补充 0,为十六进制时前面补充 0x
width	可选项,数据占有的宽度	整数
precision	可选项,小数点后保留的位数	整数
type	数据输出时的类型	参见表 6-2

Python 有许多格式字符,这些格式字符实际上就是数据的输出类型。表 6-2 列出了常用的格式字符。

表 6-2　格式字符

转换说明符	说明
%d,%i	转换为带符号的十进制形式的整数
%o	转换为带符号的八进制形式的整数
%x,%X	转换为带符号的十六进制形式的整数
%e	转化为科学计数法表示的浮点数(e 小写)
%E	转化为科学计数法表示的浮点数(E 大写)
%f,%F	转化为十进制形式的浮点数
%g	智能选择使用 %f 或 %e 格式
%G	智能选择使用 %F 或 %E 格式
%c	格式化字符及其 ASCII
%r	使用 repr() 将变量或表达式转换为字符串
%s	使用 str() 将变量或表达式转换为字符串

【例 6-1】使用“%”格式化方法输出字符串。

```
>>> m=100
>>> n=3.1415926
>>> 'm is:%d'%m      #以十进制形式输出 m
'm is:100'
```

```
>>> 'm is:%x '%m      #以十六进制形式输出 m
'm is:64'
>>> 'm is:%#x ' %m   #以十六进制形式输出数据,数据前面补充 0x
'm is:0x64'
>>> 'm is:%06d ' %m  #数据宽度为 6,不足的部分前面用 0 补充
'm is:000100'
>>> 'n is:%f ' %n      #以浮点数形式输出 n,默认保留 6 位小数
'n is:3.141593'
>>> 'n is:%4.2f ' %n  #以浮点数形式输出 n,数据宽度为 4,小数位保留 2 位
'n is:3.14'
>>>
```

上面的形式只能在字符串中输出一个变量或表达式的值,若在一个字符串中输出多个变量或表达式的值,需要使用元组来构造数据,但不能使用列表、字典等类型。例如:

```
>>> m=100
>>> n=3.1415926
>>> 'm=%d,n=%f '%m,n        #错误的形式
Traceback (most recent call last):
    File "<pyshell#119>",line 1,in <module>
        'm=%d,n=%f '%m,n
TypeError:not enough arguments for format string
>>> 'm=%d,n=%f '%m,%n   #错误的形式
SyntaxError:invalid syntax
>>> 'm=%d,n=%f '%(m,n)  #使用元组构造数据
'm=100,n=3.141593'
>>>
```

6.3.2 format()方法

1. format()方法的基本应用

从 Python 2.6 开始提供了一种格式化字符串的方法——format(),它显著增强了字符串格式化的能力。它通过“{}”和“:”来代替以前的“%”。format()方法不受参数个数的限制,并且位置也可以不按顺序来进行格式化。其使用方式如下:

<字符串>.format(<逗号分隔的参数>)

其中,字符串中包含若干个占位符“{}”,占位符中的内容称为替换字段(替换字段由字段名、转换字段和格式控制符组成),对应 format()方法中用逗号分隔的参数。例如:

```
>>> '{}曰:不学礼,无以立'.format('孔子')
'孔子曰:不学礼,无以立'
>>>
```

占位符通用的使用格式如下:

{字段名!转换字段:格式控制符}

转换字段和格式控制符都是可选的。

Python 为 format()中逗号分隔的参数进行了编号,编号从 0 开始,相应字符串模板中的占位符{}也可以指定编号,与 format()中的参数编号相对应,从而实现灵活控制。若字符串模板中的占位符不指定序号,则按出现的顺序默认从 0 开始编号。

占位符的个数可以少于 format()方法中参数的个数,反之不然。同时,如果字符串中占位符的个数与 format()方法中参数的个数不一致,则必须指定占位符的编号,否则系统会产生 IndexError 错误。例如:

```
>>> '{}曰:不学礼,{}'.format('孔子')
Traceback (most recent call last):
    File "<pyshell#0>",line 1,in <module>
        '{}曰:不学礼,{}'.format('孔子')
IndexError:tuple index out of range
>>>
```

如果在字符串模板中希望输出大括号{},则需要在占位符的{}外面再加上一对{}。例如:

```
>>> '{}曰:{{不学礼,无以立}}'.format('孔子')
'孔子曰:{不学礼,无以立}'
>>>
```

2. format()方法的格式控制符

format()方法提供了丰富的格式控制符号,用于控制数据的输出形式。使用格式控制符时,在格式控制符前必须要使用引导符号":"以表示进行格式控制。其表示形式如下:

{[name][:][[fill]align][sign][#][0][width][grouping_option][.precision][type]}

各项参数说明如表 6-3 所示。

表 6-3　格式参数

参数	作用	取值	取值说明
:	引导符号	:	格式控制符,必须以":"开始
fill	填充字符	任何字符	只能是一个字符,若不指定则默认为空格;若指定填充字符,则必须要同时制订对齐方式
align	对齐方式	<	左对齐
		>	右对齐
		^	居中对齐
		=	如果有正负号,则在正负号和数字之间填充,该选项仅对数字型数据有效
sign	正负号,仅对数字型数据有效	+	在正数前面添加正号,在负数前面添加负号
		-	仅在负数前面添加负号(默认)
		空格	正数前面需要添加一个空格,以便与负数对齐

（续）

参数	作用	取值	取值说明
#	控制不同进位计数制的输出形式	#	在二进制数上加 0b 前缀；在八进制数上加 0o 前缀；在十六进制数上加 0x 前缀
width	最小宽度	正整数	如果不指定，则最小宽度与内容相等；如果宽度前面有个前导 0，意味着用 0 填充
grouping_option	分组选项	逗号(,)	英文逗号；使用逗号对数字以千为单位进行分割；n 类型（整数类型）数字可以使用本地化的分隔符（中文中没有数字的分隔符，使用它系统会报错）
		下画线(_)	英文下画线；对浮点数和十进制类型（d 类型）的整数以千为单位进行分割，对二进制、八进制和十六进制类型的数据，每 4 位插入一个下画线，其他类型都会报错
precision	精度，即小数保留位数	正整数	整数类型不能指定精度；非数字类型，精度指定了字段最大宽度
type	类型码（分为字符串类型、整数类型、浮点数类型三类）	s	字符串类型；它是字符串的默认类型，可省略
		d	整数类型；以十进制形式输出；它是整数类型的默认类型，可省略
		b	整数类型；以二进制形式输出
		o	整数类型；以八进制形式输出
		x	整数类型；以十六进制形式输出；a 到 f 小写
		X	与 x 相同，但 A 到 F 大写
		n	整数类型；与 d 类型相同；使用本地化的数字分隔符，但在中文系统中为 n 指定任何分组选项（,和_）系统都会报错
		e	浮点数类型；用科学计数法方式输出数据，用 e 表示指数；默认精度为 6 位
		E	与 e 相同，但用大写的 E 表示指数
		f	浮点数类型；定点记法；默认精度为 6 位
		F	同 f，但会把 nan 转换成 NAN，inf 转换成 INF
		g	通用格式；自动转换到 e 或者 f 格式；制订精度为 0 时等价于精度为 1；默认精度为 6 位；正无穷显示为 inf，负无穷显示为-inf，正 0 显示为 0，负 0 显示为-0，非数字显示为 nan
		G	通用格式；自动转换到 E 或者 F 格式，转换规则同 g，相应表现方式转换为大写
		%	百分号类型；以百分数形式输出数据

提示：如果不指定最小宽度 width，则对齐方式毫无意义。

示例：

（1）左对齐（默认方式），宽度为 20，宽度不足部分使用空格填充。

```
>>> print('{:20}'.format('字符串对齐与填充演示'))
字符串对齐与填充演示
```

(2)左对齐,宽度为20,宽度不足部分使用“ * ”填充。

```
>>> print('{:*<20}'.format('字符串对齐与填充演示'))
字符串对齐与填充演示**********
```

(3)居中对齐,宽度为16,宽度不足部分使用“=”填充。

```
>>> print('{:=^16}'.format('Python'))
=====Python=====
```

(4)右对齐,宽度为16,宽度不足部分使用“-”填充。

```
>>> print('{:->16}'.format('Python'))
----------Python
```

(5)用变量表示格式化控制标记。

```
>>> print('{0:{1}>{2}}'.format('Python',starChar,width))
**************Python
>>> print('{0:{1}<{2}}'.format('Python',starChar,width))
Python**************
>>> print('{0:{1}^{2}}'.format('Python',starChar,width))
*******Python*******
```

(6)以不同进位计数制输出数字型数据。

```
>>> print('十进制:{0},二进制:{0:b},八进制:{0:o},十六进制:{0:x},十六进制(大写):{0:X}'
          .format(30))
十进制:30,二进制:11110,八进制:36,十六进制:1e,十六进制(大写):1E
```

(7)使用分隔符输出数字型数据。

```
>>> print('{}'.format(123456789))                #正常输出
123456789
>>> print('{:^20,}'.format(123456789))           #以逗号分隔
    123,456,789
>>> print('{:#^20_X}'.format(123456789))         #以#填充、_分隔、十六进制大写输出
######75B_CD15######
```

(8)数字型数据的其他输出形式。

```
>>> print("{:.3f}".format(3.1415926))            #保留3位小数
3.142
>>> print("{:>7.2f}".format(3.1415926))          #右对齐,保留2位小数
   3.14
>>> print('{:E}'.format(123456789))              #以科学计数法形式输出
1.234568E+08
>>> print("{:%}".format(3.1415926))              #以百分比形式输出
314.159260%
```

(9)为字符串输出指定精度。

```
>>> print('{:.2}'.format('Python'))                #字符串长度大于给定的精度
Py
```

提示:格式控制符要严格按照规定的顺序组合使用,否则程序无法正常运行,读者平时应该牢记控制符的组合顺序。

3. 转换字段

转换字段的取值有如下三种,并且在使用转换字段时前面一定要加英文叹号(!)。

(1)s:传递参数前先对参数调用 str()函数。

(2)r:传递参数前先对参数调用 repr()函数。

(3)a:传递参数前先对参数调用 ascii()函数。

说明:ascii()函数与 repr()函数类似,都是返回一个字符串,但对于非 ASCII 字符则使用\x、\u 或者\U 转义。

例如:

```
>>> print('我是{!s}'.format('小明'))
我是小明
>>> print('我是{!r}'.format('小明'))
我是'小明'
>>> print('我是{!a}'.format('小明'))
我是'\u5c0f\u660e'
```

6.3.3 f-String 方法

f-String 是指以 f 或 F 开头的字符串,也称为格式化字符串常量。f-String 方法是 Python 3.6 以后引入的一种字符串格式化方法,其功能并不逊于"%"和 format()方法,同时性能又优于而它们,使用起来更加简洁明了。f-String 以"{}"表明被替换的字段,其本质并不是字符串常量,而是一个在运行时求值的表达式。"{}"中可以是表达式或函数,例如:

```
>>> name='小明'
>>> age=18
>>> f'{name},你好!'
'小明,你好!'
>>> F'{name},你的年龄是{age}'
'小明,你的年龄是18'
>>> f'求和:{3*4+5}'
'求和:17'
>>> f'小数转换为整数:{int(3.14)}'
'小数转换为整数:3'
```

```
>>>
```

列表、字典都可以作为“{}”中的参数。

```
>>> ls=['小明',18]
>>> student={'姓名':'小明','年龄':18}
>>> F'学生的姓名是:{ls[0]},年龄是:{ls[1]}'
'学生的姓名是:小明,年龄是:18'
>>> f'学生的姓名是:{student["姓名"]},年龄是:{student["年龄"]}'
'学生的姓名是:小明,年龄是:18'
>>>
```

在使用f-String的过程中有两点需要特别注意：

(1)f-String大括号内所用的引号不能和大括号外的引号定界符冲突,若大括号内使用双引号,大括号外面字符串的定界符必须使用单引号。

```
>>> student={'姓名':'小明','年龄':18}
>>> f'学生的姓名是:{student['姓名']}'
SyntaxError:invalid syntax
>>> f'学生的姓名是:{student["姓名"]}'
'学生的姓名是:小明'
```

(2)大括号外可以使用“\”转义,但大括号内不能使用“\”。若大括号内必须要使用“\”,则应先将包含“\”的内容放到一个变量里面,再在大括号内填入变量名。

```
>>> f'学生的姓名是:{student[\"姓名"]}'
SyntaxError:f-string expression part cannot include a backslash
```

f-String还支持自定义格式。其采用如下形式定义字符串格式：

{content:format}

其中,content是待替换字段,可以是变量、表达式或函数;format是格式描述符,采用默认格式时省略format。常用的格式描述符如表6-4所示。

表6-4　格式描述符

格式描述符	含义与作用
<	左对齐,字符串默认对齐方式
>	右对齐,数值默认对齐方式
^	居中对齐
+	负数前加负号,正数前加正号
-	负数前加负号,正数前不加符号
空格	负数前加负号,正数前加一个空格
#	切换数字型数据显示方式
width	指定宽度

（续）

格式描述符	含义与作用
0width	指定宽度,宽度不足时高位用 0 补齐
width. precision	width 指定宽度,precision 指定精度
,	使用逗号作为千分位分隔符
_	使用下画线作为千分位分隔符
s(小写)	普通字符串格式,适用于字符串
b	二进制整数格式,适用于整数
c(小写)	字符格式,按 Unicode 编码将整数转换为对应字符
d	十进制整数格式
o(小写)	八进制整数格式
x(小写)	十六进制整数格式
X(大写)	十六进制整数格式
e	科学计数格式
E	科学计数格式
f	定点数格式,默认精度为 6
F	与 f 等价
g	通用格式,小数用 f,大数用 e
G	与 g 等价
%	百分比格式,数字自动乘以 100 后按 f 格式排版,%为后缀
%a	星期几,缩写
%A	星期几,大写
%w	以数字形式显示星期几,0 是周日,6 是周六
%u	以数字形式显示星期几,1 是周一,7 是周日
%d	日(数字,不足两位用 0 补足)
%b	月(缩写)
%B	月(全名)
%m	月(数字,不足两位用 0 补足)
%y	年(后两位数字,不足两位用 0 补足)
%Y	年(完整数字)
%H	小时(24 小时制,不足两位用 0 补足)
%I	小时(12 小时制,不足两位用 0 补足)
%p	上午/下午
%M	分钟(不足两位用 0 补足)
%S	秒(不足两位用 0 补足)
%f	微秒(不足 6 位用 0 补足)
%z	UTC 偏移量,格式:±HHMM[SS]
%Z	时区名

（续）

格式描述符	含义与作用
%j	一年中的第几天（不足 3 位用 0 补足）
%U	一年中的第几周（不足 2 位用 0 补足）

示例：

```
>>> x=12345
>>> f'x={x:^#6X}'              #居中,宽度 6 位,十六进制整数,显示 0x 前缀
'x=0X3039'
>>> f'x={x:^#10X}'             #居中,宽度 10 位,十六进制整数,显示 0x 前缀
'x=  0X3039  '
>>> x=123.456
>>> f'x={x:<+10.2f}'           #左对齐,宽度 10 位,显示+,定点数格式,2 位小数
'x=+123.46'
>>> f'x={x:014,d}'             #高位补 0,宽度 14 位,使用逗号(逗号也占一位)
'x=00,123,456,789'
>>> e=datetime.datetime.now()
>>> f'现在时间是:{e:%Y-%m%d (%a) %H:%M:%S:%f}'
'现在时间是:2020-0205 (Wed) 18:41:45:133342'
>>>
```

6.4　字符串类型数据的操作

前面主要介绍了字符串数据的访问与格式化问题，在实际应用中更多的是要对字符串进行各种各样的处理。Python 提供了丰富的字符串处理函数与方法，基本能满足日常处理的需要。

1. 字符串处理函数

Python 提供了一些字符串的内置处理函数，常用的内置处理函数如表 6-5 所示。

表 6-5　常用字符串内置处理函数

函数	说明
len(x)	返回字符串 x 的长度，也可返回其他组合数据类型元素的个数
str(x)	返回任意类型数据 x 所对应的字符串形式
chr(x)	返回 Unicode 编码 x 所对应的单字符
ord(x)	返回单字符 x 对应的 Unicode 编码
hex(x)	返回整数 x 所对应的十六进制数的小写形式字符串
oct(x)	返回整数 x 所对应的八进制数的小写形式字符串

提示：字符是经过某种编码（如 ASCII 编码、Unicode 编码、GB 2312、UTF-8 等）后表示信息的基本单位，而字符串是字符组成的序列。Python 3 语言使用 Unicode 编码表示字符。

(1)len(x)以 Unicode 字符为技术单位返回字符串 x 的长度,在 Unicode 编码中,中英文字符(包括标点符号和其他特殊字符)都是 1 个长度单位,例如:

```
>>> len('\n')
1
>>> len("Python 程序设计语言")
12
```

(2)str(x)函数返回 x 的字符串形式,或者说是将 x 从其他数据类型转换为字符串类型,多数情况下 x 为数字类型,也可以是其他类型数据。例如:

```
>>> str(12345) #将数字型数据转换为字符串类型
'12345'
>>> str(0xff)
'255'
```

提示:数字转换为字符串后不能参与算术运算。

(3)chr(x)和 ord(x)函数用于单个字符和 Unicode 编码值之间的转换。chr(x)函数中的 x 是一个 Unicode 编码值,ord(x)中的 x 是单个字符。例如:

```
>>> chr(65)
'A'
>>> chr(1010)
'?'
>>> chr(2000)
'□'
>>> ord("中")
20013
>>> ord('a')
97
```

(4)hex(x)和 oct(x)函数分别返回整数 x 对应的十六进制与八进制的字符串形式。例如:

```
>>> hex(255)
'0xff'
>>> oct(10)
'0o12'
```

2. 字符串处理方法

表 6-6 给出了字符串对象的常用方法,其中,str 代表一个字符串或字符串变量。

表 6-6　常用的字符串处理方法

方法类别	方法	方法描述
大小写转换	str. lower( )	生成字符串 str 的小写值
	str. upper( )	生成字符串 str 的大写值
	str. title( )	生成字符串 str 中所有单词首字符大写其他字符小写的新字符串
	str. capitalize( )	生成字符串 str 中首字符大写其他字符小写的新字符串；若第一个字符无大写形式则不转换
	str. swapcase( )	对字符串 str 中所字符进行大小写转换(大写转换为小写，小写转换为大写)，并生成新的字符串
is 判断	str. isdecimal( )	判断字符串是否是十进制数，若是则返回 True，否则返回 False
	str. isdigit( )	判断字符串 str 是否是数字，若是则返回 True，否则返回 False
	str. isnumeric( )	判断字符串 str 是否是数字，若是则返回 True，否则返回 False
	str. isalnum( )	判断字符串 str 是否是数字或字母，若是则返回 True，否则返回 False
	str. isalpha( )	判断字符串 str 是否全部是字母，若是则返回 True，否则返回 False
	str. islower( )	判断字符串 str 中的字母是否是小写，若是则返回 True，否则返回 False
	str. isupper( )	判断字符串 str 中的字母是否是大写，若是则返回 True，否则返回 False
	str. istitle( )	判断字符串 str 中每个单词的首字母是否是大写，若是则返回 True，否则返回 False
	str. isspace( )	判断字符串 str 是否是空白(空格、制表符、回车等)字符
	str. isprintable( )	判断字符串 str 是否是可打印字符(如制表符、换行符就是不可打印字符)
	str. isidentifier( )	判断字符串 str 是否满足标识符定义规则
填充	str. center(width[,fillchar])	将字符串居中，左右两边使用 fillchar 进行填充，整个字符串长度为 width；fillchar 默认为空格，如果 width 小于字符串长度，则无法填充直接返回字符串本身(不会生成新的字符串对象)
	str. ljust(width[,fillchar])	使用 fillchar 填充在字符串 str 的右边，使得整体长度为 width；如果不指定 fillchar，则默认使用空格填充
	str. rjust(width[,fillchar])	使用 fillchar 填充在字符串 str 的左边，使得整体长度为 width；如果不指定 fillchar，则默认使用空格填充
	str. zfill(width)	用 0 填充在字符串 str 的左边使其长度为 width。如果 S 前有正负号+/-，则 0 填充在正负号的后面，且符号也算入长度

（续）

方法类别	方法	方法描述
查找	str. count(sub[,start[,end]])	返回字符串 str 中子串 sub 出现的次数,可以指定从哪里开始计算(start)以及计算到哪里结束(end),索引从 0 开始计算,不包括 end 边界
	str. endswith(suffix[start[,end]])	检查字符串 str 是否以 suffix 结尾,可以指定搜索的起始位置和结束位置,返回一个布尔值
	str. startswith(prefix[start[,end]])	检查字符串 str 是否以 prefix 开始,可以指定搜索的起始位置和结束位置,返回一个布尔值
	str. find(sub[,start[,end,]])	搜索字符串 str 中是否包含子串 sub,若包含,则返回 sub 的索引位置,若不包含则返回-1;可以指定搜索的起始位置和结束位置
	str. index(sub[,start[,end,]])	与 find( )相同,但当找不到 sub 时抛出 ValueError 错误
	str. rfind(sub[,start[,end,]])	返回搜索到的最右边子串的位置,如果只搜索到一个或没有搜索到子串,则和 find( )是等价的
	str. rindex(sub[,start[,end,]])	与 rfind( )相同,但当找不到 sub 时抛出 ValueError 错误
替换	str. replace(old,new[,count])	将字符串 str 中的子串 old 用字符串 new 进行替换,如果给定 count,则表示只替换前 count 个 old 子串。如果 str 中搜索不到子串 old,则无法替换,直接返回字符串 str(不创建新字符串对象)
	str. expandtabs(N)	将字符串 str 中的\t 用 N 个空格替换,N 默认为 8
分割	str. partition(sep)	搜索字符串 str 中的子串 sep,并从 sep 处对 str 进行分割,最后返回一个包含 3 个元素(3 个子串)的元组。第一个子串是 sep 左边的部分,第二个子串是 sep,第三个子串是 sep 右边的部分;若搜索不到子串 sep,则返回的元组中,后两个元素为空
	str. rpartition(sep)	从右面开始搜索字符串 str 中的子串 sep,并从 sep 处对 str 进行分割,最后返回一个包含 3 个元素(3 个子串)的元组。第一个子串是 sep 左边的部分,第二个子串是 sep,第三个子串是 sep 右边的部分;若搜索不到子串 sep,则返回的元组中,前两个元素为空
	str. split(sep=None,maxsplit=-1)	根据 sep 对 str 进行分割,从左向右搜索,maxsplit 用于指定分割次数,如果不指定 maxsplit 或者指定为-1,则每遇到一个 sep 就分割一次,如果不指定 sep 或者 sep=None,则以空格为分隔符,且将连续的空格压缩为一个空格;返回值为列表
	str. rsplit(sep=None,maxsplit=-1)	从右向左搜索,其他同 split
	str. splitlines([keepend=True])	专门用来分割换行符
连接	str. join(iterable)	将可迭代对象 iterable 中的字符串使用 str 连接起来;iterable 可以简单地认为就是字符串、列表、元组、集合、字典;iterable 中必须全部是字符串类型
修剪	str. strip([chars])	删除字符串 str 左右两边的字符 chars;不指定 chars 则默认为空格、换行符、制表符;此方法不能删除字符串中间部分的字符;chars 可以是多个字符序列

（续）

方法类别	方法	方法描述
修剪	str. lstrip([chars])	只删除字符串 str 左边的字符 chars，其他同 split
	str. rstrip([chars])	只删除字符串 str 右边的字符 chars，其他同 split

提示：调用字符串方法后，返回的是新生成的字符串，存储在另一段内存中，原有 str 的内容并不会发生变化。

表 6-6 中列举了字符串处理中相对常用的方法，并非全部方法。由于方法较多，并且有些也未必会经常用到，因此建议读者可以先按照表中的分类了解清楚字符串处理方法能满足哪方面的需要。但强烈建议读者对常用的方法一定要能熟练应用，如 lower()、upper()、isdecimal()、isdigit()、count()、find()、index()、replace()、split()、join()、strip()等。

字符串常用处理方法示例：

```
>>> str1 = "Pinython"
>>> str1. lower()            #转换为小写
'pinython'
>>> str1. upper()            #转换为大写
'PINYTHON'
>>> str2 ='Python 程序设计、Java 程序设计、C 程序设计'
>>> str2. split('、')        #使用中文顿号分割字符串，返回的是列表
['Python 程序设计','Java 程序设计','C 程序设计']
>>> str1 ='Python 程序设计'
>>> '_'. join(str1)          #使用下画线连接生成一个新的字符串
'P_y_t_h_o_n_程_序_设_计'
>>> str1 = ('a','b','c')
>>> '-'. join(str1)
'a-b-c'
>>> str1 ='   Python   '
>>> str1. lstrip()           #删除最左面的空格
'Python   '
>>> str1. rstrip()           #删除最右面的空格
'   Python'
>>> str1. strip()            #删除左面和右面的所有空格
'Python'
>>> str1 ='烟村四五家'
>>> str1. find('村')         #搜索
1
>>> str1. index('家')
4
```

```
>>> str1='***Python***'
>>> str1.replace('*','#')      #使用井号替换星号
'###Python###'
>>>
```

3. 字符串遍历

在有些情况下,我们需要逐个访问字符串中的每个字符,这需要遍历字符串。此处我们介绍四种遍历字符串的方法(四种方法的运行结果是相同的)。

方法一:for in 方法。例如:

```
s='abcdefg'
for c in s:
    print(c,end='')
```

运行结果:

```
a b c d e f g
```

方法二:利用 range()和 len()函数通过下标遍历。例如:

```
s='abcdefg'
for index in range(len(s)):
    print(s[index])
```

方法三:使用 enumerate()函数遍历,此函数用于将一个可遍历对象组合为一个索引序列,同时列出下标和数据。例如:

```
s='abcdefg'
for index,c in enumerate(s):
    print(c)
```

方法四:使用函数 iter()遍历,该函数用来生成迭代器。可迭代对象与迭代器是一种包含关系,迭代器一定是可迭代对象,但可迭代对象不一定是迭代器。迭代器提供了一种不依赖于索引取值的方式,这样可以遍历没有索引的可迭代对象,比如字典、集合、文件等。迭代器不但可以作用于 for 循环,还可以被 next()函数不断调用并返回下一个值。例如:

```
s='abcdefg'
for c in iter(s):
    print(c)
```

6.5 综合案例

【例 6-2】编写程序,检查并判断密码字符串的安全强度。

问题分析:

密码强度或者密码复杂度,是指一个密码对抗猜测或避免被破解的有效程度。一般来说,密码的强度和其长度、复杂度及不可预测度有关。弱密码是易于猜测的密码,它一般有以下特征:

(1)顺序或重复的字符,如“12345678”“666666”“asdf”(键盘上相邻的字符)等。

(2)密码是登录名的一部分,甚至密码与登录名相同。

(3)常用的单词,如自己熟人的名字及其缩写、常用单词及其缩写、宠物的名字等。

(4)常用的数字,如生日、证件编号,以及这些数字与名字等字母的简单组合。

(5)使用数字或外观相似的字符替换,如用字母“l”“o”替换数字“1”“0”,用字符“@”替换字母“a”等。

(6)密码长度小于6。

(7)组成密码字符串的字符种类过于单一,如只由字母或数字组成。

以上几点可以作为密码强度检测的一个基本依据,但这并不是绝对的。例如,在银行的ATM机上只能输入数字,但系统约定最多只能输入3次,也能较为有效地提高系统的安全性。

为了演示,在本例中,我们只实现了密码长度、密码是否为同一字符和字符种类的检测。

程序代码:

```
import string
pwd=input('请输入密码:')
#密码强度等级
level={1:'弱',2:'中下',3:'中上',4:'强'}
flag=[False]*4      #默认不包括
#可以使用的特殊字符
sc={'.','%','!','<','>',';','$','@','#','!','*','(',')'}
rank=level[1]        #默认密码强度
remain=True          #是否继续检测
if len(pwd)<6:       #检测密码长度,至少为6
    remain=False     #不继续检测
if remain:
    #检测密码是否为单一字符组成
    duplicate=True      #默认为全部重复
    for ch in pwd:
        if ch !=pwd[0]:
            duplicate=False
            break
    if duplicate:
        remain=False    #不继续检测
if remain:
    for ch in pwd:
        if not flag[0] and ch in string.digits:                #是否包含数字
            flag[0]=True
        elif not flag[1] and ch in string.ascii_lowercase:     #是否包含小写字母
            flag[1]=True
        elif not flag[2] and ch in string.ascii_uppercase:     #是否包含大写字母
            flag[2]=True
        elif not flag[3] and ch in sc:                         #是否包含特殊字符
            flag[3]=True
```

```
    rank=level.get(flag.count(True))
print(F'密码强度为:{rank}')
```

连续运行程序三次,程序运行结果为:

```
请输入密码:123456
密码强度为:弱
请输入密码:Python
密码强度为:中下
请输入密码:Py%thon
密码强度为:中上
```

【例 6-3】编写程序,输入一个字符串,判断该字符串是否为合法的 Python 自定义变量名。

问题分析:

判断一个变量名是否合法,就是根据 Python 变量定义规则进行检查,若满足规则,则是合法的变量名,否则是非法的变量名。根据 Python 标识符的定义规则,需要检测字符串是否只由字母、数字和下画线组成,以及第一个字符是否是字母或下画线,同时,还要排除变量名为关键字的情况。

程序代码:

```
import keyword
var=input('请输入变量名:')
#定义变量使用的合法字符
varChars='abcdefghigklmnopqistuvwxyzABCDEFGHIGKLMNOPQISTUVWXYZ_'
varNums='0123456789'
isTrue=True                      #默认字符串为合法的变量名
if var[0] not in varChars:       #判断首字符是否合法
    isTrue=False
elif keyword.iskeyword(var):     #判断是否为关键字
    isTrue=False
elif True:
    for i in var:                #判断每个字符是否合法
        if not(i not in varChars or i not in varNums):
            isTrue=False
            break
if isTrue:
    print(f'变量名:{var}是合法的变量名。')
else:
    print(f'变量名:{var}是非法的变量名!')
```

习　题

一、填空题

1. 表达式'abc' in 'defabcmny'的值为__________。

2. 表达式'\x41'=='A'的值为__________。
3. 转义字符'\n'的含义是__________。
4. 表达式'%c'%65 的值为__________。
5. 表达式'%s'%65 的值为__________。
6. 表达式'first:{1},second:{0}'.format(65,66) 的值为__________________。
7. 表达式'{0:#d},{0:#x},{0:#o}'.format(16) 的值为__________________。
8. 表达式'123123123'.rindex('123') 的值为__________。
9. ':'.join('abcdefg'.split('cd')) 的值为__________________。
10. 表达式 'Hello Python'[-4:-2] 的值为__________。
11. 已知 x='abcd',那么表达式 x[1:]的值为__________。
12. 表达式'F'*3 的值为__________________。
13. 表达式'a'+'b'+'c'的值为__________。
14. 'ababab'.replace('b','c')的值为__________________。
15. 'abba'.strip('a')的值为__________。

二、判断题

1. 在 Python 中,"%"只能用来格式化字符串。(　　)
2. 使用字符串对象的 join()方法比使用运算符+大量字符串的效率要高。(　　)
3. 已知 x 为非空字符串,那么表达式' '.join(x.split())==x 的值为 True。(　　)
4. 已知 x 为非空字符串,那么表达式' '.join(x.split(','))==x 的值为 False。(　　)
5. 已知 x 和 y 是两个字符串,那么表达式 sum((1 for i,j in zip(x,y) if i==j))可以计算 x 和 y 两个字符串中对应位置字符相等的个数。(　　)
6. 如果字符串模板中有多个"{}"占位符,那么占位符可以指定序号,也可以不指定序号。(　　)
7. 表达式'12'+'10'的值为 22。(　　)
8. Python 字符串是可变类型的数据。(　　)
9. 表达式 eval('*'.join(map(str,range(1,6))))的值为 120。(　　)
10. 在 UTF-8 编码中,一个汉字占 3 个字节。(　　)
11. f-String 字符串格式化方式的效率比"%"和 format()方法要高。(　　)
12. Python 中单个字符也是一个字符串。(　　)
13. Python 3.x 默认的字符编码方式是 Unicode 编码。(　　)
14. Python 中字符串不支持切片操作。(　　)
15. 字符串的长度与字符串正向索引的最大值相同。(　　)

三、编程题

1. 编写程序,将字符串中单独的小写字母 i 全部转换为大写字母 I。
2. 编写程序,将日期型数据在字符串中照 yyyy-mm-dd 的格式进行输出。

参考答案

第7章
函数与模块

学习目标

1. 理解函数的概念与用途。
2. 掌握函数的定义与调用方法。
3. 理解并掌握函数参数的类型及应用。
4. 理解变量的作用域。
5. 能够熟练使用函数编写程序。
6. 理解递归函数。
7. 掌握模块导入的方法。
8. 掌握编写程序的打包方法。

知识导图

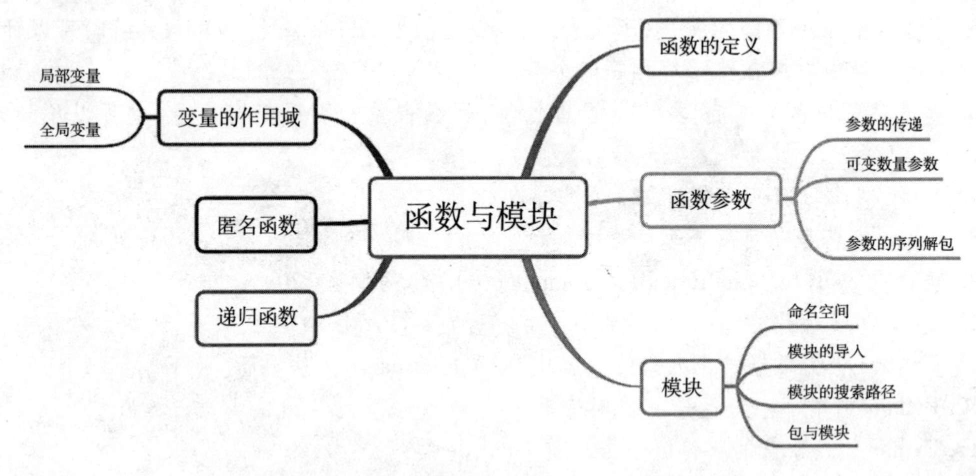

在程序设计过程中，经常会发现有些代码段除了处理的数据对象不同外，其余的相似度非常高，甚至完全一致，也就是说这些代码段的功能是一样的。从编写代码的角度来看，可以将这样的代码段直接复制、粘贴，然后稍做修改就可以继续使用。但这种做法，显然存在几个问题：一是增加了代码行数，使程序变得十分臃肿；二是增加了代码阅读、理解的难度；三是增加了以后代码维护的成本。在各种高级程序设计语言中，均提供了为实现代码重用而设计的函数功能，也就是将功能相同的代码组织成一个函数，并为这个函数命名，然后在需要该功能的地方通过函数名调用其功能。

使用函数不仅可以解决代码重用的问题，还可以最大限度地保证代码的一致性，实现一处修改处处体现的目的。同时,通过函数还可以将一个复杂任务分解为一个个的小任务,每个小任务只负责处理特定问题,最后再将这些小任务进行组装,从而使得软件开发就像搭积木一样。

设计函数应遵循“功能最小化”原则,即一个函数只完成一个单一的功能,同时要尽可能保证函数的独立性,即函数与函数之间耦合性要弱。

7.1 函数的定义

一个函数一般包括四部分内容:函数名、参数、函数体、返回值。函数名的命名规则与变量的命名规则类似,最基本的要求是要见名知意;参数一般是函数需要处理的数据对象;函数体是函数处理数据的代码块;返回值是函数最终处理的结果,实际应用中也可以没有返回值。

在 Python 中,定义函数的语法如下:

```
def 函数名([参数1,参数2,…]):
函数体
[return 返回值]
```

def 是关键字,def 与函数名之间有一个空格,后面圆括号中的内容为参数。return 可以出现在函数体的任何地方,表示函数执行到此结束,控制权返回给调用程序,并返回处理结果。

【例 7-1】求两个数中的最大数。

程序代码:

```
import sys
#定义求最大公约数函数
def maxCommDiv(x,y):
    m=x % y
    while(m!=0):
        x=y
        y=m
        m=x % y
    return y
x=input('请输入第一个数:')
y=input('请输入第二个数:')
if x.isdigit() and y.isdigit():          #检测输入的是否为纯数字
    x=eval(x)
    y=eval(y)
else:
    print('输入错误,只能输入数字')
    sys.exit()                           #输入错误,终止程序
mcd=maxCommDiv(x,y)
print('{0}和{1}的最大公约数为:{2}'.format(x,y,mcd))
```

程序运行结果:

```
请输入第一个数:88
请输入第二个数:24
88 和 24 的最大公约数为:8
```

本例中我们定义了一个求最大公约数的函数 maxCommDiv( ),它有两个参数,一个返回值。同时,为了保证程序的正常运行,还加入了容错机制,即判断用户输入的是否为数字,如果不是纯数字,则使用 sys. exit( )终止程序运行。

函数的调用必须遵循“先定义后使用”的原则,也就是说在调用函数前,已经定义好了函数。在本例中,若把函数的定义放在 mcd = maxCommDiv(x, y) 语句之后,系统会报错,产生“name‘maxCommDiv’is not defined”错误。

7.2　函数的参数

函数的参数有形式参数(简称形参)和实际参数(简称实参)之分。在函数定义时,括号中的内容就是形参,形参可以有多个,也可以没有。当没有形参时,函数名后面的圆括号也要保留,不能省略,多个形参之间用逗号进行分割。在函数调用时,函数名后面括号中的内容就是实参。

7.2.1　参数的传递

在 Python 中,调用函数传递参数有按位置传递、按关键字传递、按默认值传递三种方式。

1. 按位置传递

按位置传递是较为常用的一种方式,在这种方式中,实参的顺序、个数必须与形参完全一致,即相同位置的实参向相同位置的形参传递参数。实参既可以是具体的数据对象,也可以是一个表达式或其他函数。当实参是表达式或函数时,要先计算表达式的值或先调用函数得到函数的结果,再向形参传递。

例 7-1 中函数的调用方式就是按照位置传递参数的。

2. 按关键字传递

当函数有许多参数时,按照位置传递参数会比较容易出错。Python 提供了在函数调用时按关键字传递参数的方法,其调用形式如下:

```
函数名(参数 1=值 1,参数 2=值 2,…)
```

这种传递方式在实参前添加了参数名,也就是关键字。使用关键字方式传递,实参和形参的位置可以不一致,但这不会影响参数传递的结果,这样就避免了要严格按照顺序传递的麻烦,使得函数的调用更加灵活,同时也提高了代码的可读性。

需要注意的是,关键字的名字必须与形参的名字保持一致。同时,当其中一个参数使用了关键字方式传递,对于没有提供默认值的其他参数(默认值参数在后面介绍)也必须都使用关键字传递。例如,在例 7-1 中可以采用如下方式调用函数:

```
mcd=maxCommDiv(x=x,y=y)
```

而下面的调用方式都是错误的:

```
mcd=maxCommDiv(x=x,y)
mcd=maxCommDiv(xx=x,yy=y)
```

3. 按默认值传递

Python 支持默认值参数传递。在定义函数时,为形参设置一个默认值,那么这个形参就是

默认值参数。在调用函数时,对具有默认值的参数可以不用传递实参,也可以通过传递实参改变默认值。其定义形式如下:

```
def 函数名([参数 1=默认值 1,参数 2=默认值 2,…]):
函数体
[return 返回值]
```

需要注意的是,在形参列表中,若某个形参给定了默认值,那么此形参之后的所有形参也必须指定默认值,而该形参之前的形参可以没有指定值。如在下面的函数定义中,x 有默认值,而 y 没有,程序运行时系统出现错误提示“non-default argument follows default argument”。

```
def f(x=3,y):
    return x+y
```

可以使用“函数名._defaults_”查看函数所有默认值参数的当前值,其返回值是一个元组。

【例 7-2】使用函数判断一个正整数是否为素数。

问题分析:

在例 4-8 中我们实现了素数的判断及输出。可以设想,如果在一个程序中,有多个地方都需要对一个数是否是素数进行判断,那么就要重复编写相同的代码,并且要对该算法进行修改或优化,也必须在多处进行代码的修改。而如果定义一个函数专门用于素数的判断,那么将不再出现这些问题。本例中,我们设定参数的默认值为 3。

程序代码:

```
def isPrimeNumber(x=3):            #判断一个数是否为素数
    result=0 not in [x%j for j in range(2,x-1)]
    return result
for i in range(2,10):
    if(isPrimeNumber(i)):
        print('%d 是素数'%i)
    else:
        print('%d 不是素数'%i)
```

程序运行结果:

```
2 是素数
3 是素数
4 不是素数
5 是素数
6 不是素数
7 是素数
8 不是素数
9 不是素数
```

7.2.2 可变数量参数

有些情况下,在定义函数时,形参的数量无法确定,此时就需要使用可变参数。Python 中可在形参名前加“*”或“**”表示可变数量参数。其中,“*”定义的参数也称元组参数,表示接收任意多个位置参数,并将参数以元组形式存放;“ ** ”定义的参数也称字典参数,表示接收任意多个关键字参数,并将参数以字典形式存放。

定义函数时,可以混合使用多种参数定义方式,但必须遵循以下原则:

(1)关键字参数必须位于位置参数之后。

(2)元组参数必须位于关键字参数之后。

(3)字典参数必须位于元组参数之后。

其参数形式如下:

```
def fun(args1,kwargs1, * args2, **kwargs2)
```

【例 7-3】定义函数,计算任意个数的和。

问题分析:

在本例中,参与计算的数据的个数在编写代码的时候是不确定的,用户可以输入任意多个数,然后得到它们的和,因此需要使用可变数量的参数。

程序代码:

```
#计算多个数的和
def calc1( * numbers):
    sum_=0
    for i in numbers:
        sum_ += i
    return sum_
def calc2( **numbers):
    sum_=0
    for v in numbers. values():
        sum_ += v
    return sum_
print('元组参数计算结果为:',calc1(1,2,3))
print('字典参数计算结果为:',calc2(n1=4,n2=5,n3=6))
```

程序运行结果:

```
元组参数计算结果为: 6
字典参数计算结果为: 15
```

7.2.3　参数的序列解包

与可变数量的参数相反,这里参数的序列解包是指实参,即对实参同样可以使用“ * ”和“ ** ”两种形式。也就是将列表、元组、集合、字典及其他可迭代对象作为实参时,在实参前面加上“ * ”或“ ** ”,Python 将自动对实参进行解包,然后把序列中的值分别传递给多个单变量形参。

```
>>> def cal(x,y,z):
print(x+y+z)
>>> li=[1,2,3]
```

```
>>> cal( * li)#对列表进行解包
6
>>> tu=(1,2,3)
>>> cal( * tu)#对元组进行解包
6
>>> set={1,2,3}
>>> cal( * set) #对集合进行解包
6
>>> dic={'a':1,'b':2,'c':3}
>>> cal( * dic.values())
6
```

如果实参是字典,可以使用“ ** ”对其进行解包,它会把字典转换成关键字参数的形式进行传递。在这种形式的解包中,要求实参字典中所有的键都必须是函数的形参名称,或者与函数中“ ** ”参数相对应。

```
>>> def func1(x,y,z):
print(x,y,z)
>>> dic1={'x':1,'y':2,'z':3}
>>> func1( **dic1)
1 2 3
```

7.3 变量的作用域

变量的作用域就是变量在哪些代码范围起作用,即一个变量在哪些范围内是可见的。Python 中并不是所有语句块都会产生作用域,只有变量在模块、类、函数中定义的时候才有作用域的概念,而在 if、for、while 等语句块中并不会产生作用域,在 if、for、while 语句块结束后,其中定义的变量依然可以被使用。

不同作用域内同名变量之间互不影响。变量的作用域可以分为全局变量和局部变量。

Python 中全局变量是指在整个模块中都能被访问的变量。一般来说,在函数外部定义的变量就是全局变量,而在函数内部定义的变量就是局部变量。但无论是全局变量还是局部变量,其作用域都是从变量定义的位置开始的,在其定义之前是无法访问的。

对于局部变量而言,当函数运行结束后,在函数内定义的局部变量将被自动删除,不能再被访问。在函数内部使用 global 关键字可将局部变量提升为全局变量。

在函数内部,当局部变量与全局变量重名时,全局变量不起作用,所有对同名变量的操作都是对局部变量的操作。因此,当要在函数内部修改全局变量的值时,必须使用 global 明确声明要使用的是已经定义的同名全局变量。

需要注意的是,在函数内部使用 global 定义的变量,如果在函数外没有定义,那么在调用这个函数的时候会创建新的全局变量。

【例 7-4】变量的作用域演示。

程序代码:

```
x=10
y=20
def demo():
    global x
    y=50
    print('函数内部x的值为:',x)
    print('函数内部y的值为:',y)
    x=100
demo()
print('函数外部x的值为:',x)
print('函数外部y的值为:',y)
```

程序运行结果:

```
函数内部x的值为:10
函数内部y的值为:50
函数外部x的值为:100
函数外部y的值为:20
```

从上面的代码可以看出,函数内部将x声明为了全局变量,所以在函数内部x的值发生改变后,函数外部的x也发生了改变;而函数内部的y为局部变量,它的值的变化不会影响函数外部y的值。

7.4 匿名函数

匿名函数是一类特殊的函数,它没有函数名,适用于只在代码中使用一次,而且函数体比较简单的情况。Python中使用lambda表达式来声明匿名函数,函数的返回值就是表达式的结果。其形式如下:

lambda 参数1,参数2,…:表达式

匿名函数的参数同样支持按位置传递、按关键字传递及可变数量参数。

示例:

```
>>> f=lambda x,y,z:x+y+z
>>> print(f(1,2,3))
6
>>> g=lambda x,y=2,z=3:x+y+z                  #默认值参数
>>> print(g(1))                               #y,z使用了默认值
6
>>> (lambda x:x **2)(3)                       #直接传递实参
9
>>> (lambda x,y:x if x > y else y)(101,102)
102
```

在5.4节中,对字典排序返回的是“键”或“值”排序后的结果,而实际上可能需要的是整

个字典的排序结果,也就是整个字典要以升序或降序的形式输出。此时,可以通过为 sorted()函数的 key 参数指定匿名函数来实现这一需求,例如:

```
>>> d={'a':2,'b':1,'c':4,'d':3}
>>> sorted(d.items(),key=lambda item:item[1],reverse=True)
[('c',4),('d',3),('a',2),('b',1)]
>>>
```

7.5 递归函数

在一个函数中可以调用其他函数,也可以调用自身。自己调用自己的函数就称为递归函数。递归方法是将一个复杂问题转化成一个或几个子问题,而子问题的形式和结构与原问题相似。递归函数有以下几个基本的特性:

(1)有一个明确的递归出口,也就是递归的结束条件。

(2)每进入更深一层递归时,问题的规模都比上一次有所缩小。

(3)相邻两次递归之间有紧密联系,一般是前一次的输出就作为后一次的输入。

(4)递归的执行效率较低。

在 Python 3 中,最大递归次数限制为 978 次,这个限制也可以修改。如果超过这个限制还没有解决问题,说明要解决的问题是不适合用递归法来解决的。

经典的递归实例之一就是整数的幂运算 $y=x^n$,计算 x^n 可以转化为 $x\times x^{n-1}$。如果用函数 $f(n)$ 表示 x^n,则 $f(n)=n\times f(n-1)$,$f(n-1)=(n-1)\times f(n-2)$,…。当 $n=0$,$f(0)=1$,此时递归结束。递归体就是 $n\times f(n-1)$。

【例 7-5】计算 x 的 n 次幂。

程序代码:

```
def f(x,n):
    if n==0:
        return 1
    else:
        return x * f(x,n-1)
x,n=eval(input('请输入底数和指数:'))
result=f(x,n)
print('{0}的{1}次方为:{2}'.format(x,n,result))
```

程序运行结果:

```
请输入底数和指数:3,4
3 的 4 次方为:81
```

【例 7-6】输入一个整数 n,输出 $n!$

问题分析:

$n!=1\times2\times3\cdots\times n$,观察可以发现,$n!=n\times(n-1)!$,用递归函数可以表示为 $f(n)=n\times f(n-1)$。当 $n=0$ 时,$0!==1$,递归结束。

程序代码：

```
def f(n):
    if n==0:
        return 1
    else:
        return n*f(n-1)
n=eval(input('请输入一个整数:'))
result=f(n)
print('{0}的阶乘为:{1}'.format(n,result))
```

程序运行结果：

```
请输入一个整数:6
6 的阶乘为:720
```

7.6　模块

Python 模块(module)是一个以 .py 结尾的 Python 文件,它实际上是一个函数库或类库。模块文件把一组相关的功能组合成一个文件,使得同一类功能的管理与使用更加方便。例如,math 模块就是一个数学库模块,里面包含了许多常用的数学函数。

7.6.1　命名空间

命名空间是对作用域的一种特殊抽象,或者说为作用域赋予一个名字(标识符)。在 Python 中,命名空间是一个字典,它的键就是变量名,键的值就是那些变量的值。在一个程序中,命名空间可以有多个,各个命名空间是相互独立的,同一个命名空间中不能有重名,但不同命名空间可以重名而没有任何影响。例如,在部门 A 中不能有相同的工号出现,而在部门 B 中的工号可以和部门 A 中的工号相同,但 A 与 B 互不影响,因为部门 A 中的工号可以表示为"A. 工号",部门 B 中的工号可以表示为"B. 工号",从整体命名来看 A. 工号≠B. 工号。

通过前面的学习我们知道,在编写程序的过程中,如果要使用变量和函数,都要先对变量和函数命名后才能使用。Python 会把命名后的变量和函数分配到不同的命名空间,并通过命名空间+名称的方式访问它。

命名空间是动态的,只有随着解释器的执行,命名空间才会被创建;作用域只是一个代码块(文本区域),其定义是静态的。Python 中一般有三种命名空间:内置命名空间(built-in)、全局命名空间(global)、局部命名空间(local)。其中,内置命名空间是在整个程序中都可以访问的空间,它存放着内置的函数和异常;全局命名空间是模块级别的,其作用域是整个模块;局部命名空间是函数级别的,其作用域是整个函数。

1. 命名空间的查找顺序

当一行代码要使用变量 x 的值时,Python 会按照局部命名空间→全局命名空间→内置命名空间的顺序进行搜索。如果在这些空间中都找不到它时,将放弃查找并引发一个 NameError 异常:"NameError:name 'xxx' is not defined"。

2. 命名空间的生命周期

不同的命名空间在不同的时刻创建,有不同的生命周期。局部命名空间在函数被调用时才被创建,在函数返回结果或抛出异常时被删除;全局命名空间在模块被加载时创建,通常一直保留,直到 Python 解释器退出;内置命名空间在 Python 解释器启动时创建,一直保留直到解释器退出。

Python 的一个特别之处在于其赋值操作总是在最里层的作用域。赋值不会复制数据,只是将命名绑定到对象。删除也是如此:"del x"只是从局部作用域的命名空间中删除命名 x。事实上,所有引入新命名的操作都是作用于局部作用域的。

7.6.2 包与模块

1. 包的定义

包是一个包含多个模块的文件夹,当一个目录内含有_ _init_ _. py 文件时,就可以视该目录为一个包。_ _init_ _. py 文件可以为空。

使用语句"import 包名"可以一次导入包中所有的模块。导入包时,实际上是导入了它的_ _init_ _. py 文件,若该文件为空则导入包中所有的模块。

在_ _init_ _. py 中可以通过设置_ _all_ _变量设置外界可访问的模块列表,如:

_ _all_ _=['os','sys','re']

不在列表中的模块就不能被外界访问。

2. 包的发布

包可以按如下步骤进行压缩发布:

第一步:创建 setup. py。

通过在要发布的包的同级目录下创建 setup. py 文件可以发布包。setup. py 文件内容如下:

```
import setuptools
from distutils. core import setup
setup (name="packagename",  #包名
      version="0. 1",  #版本
      description="包的描述信息",  #描述信息
      long_description="完整的包描述信息",  #完整描述信息
      author="匿名",  #作者
      author_email="匿名@ qq. com",  #作者邮箱
      url="包的发布地址",  #主页
      py_modules=["包名 . 模块 1","包名 . 模块 2"])  #发布的包名 . 模块名列表
```

第二步:生成压缩包。

发布的压缩包可以分为 sdist(source distribution,源码发布)和 bdist(built distribution,可执行文件发布)两种形式。生成的 bdist 压缩包有 egg 和 wheel 两种格式,官方推荐使用 wheel 格式。

生成压缩包一般需要安装最新版本的 setuptools 和 wheel 工具软件。执行下面的命令可以升级已经安装的 setuptools 和 wheel:

```
python_m pip install_ _user_ _upgrade setuptools wheel
```

执行如下命令可同时生成egg、wheel格式和sdist的压缩包：

```
python setup. py bdist_egg bdist_wheel sdist
```

执行上面的命令后，会在当前目录生成一个dist文件夹和一个build文件夹。dist文件夹中存放的就是发布的压缩包。

7.6.3　模块的导入

使用模块文件中的各项功能前必须要先将其导入。模块的导入有两种方式，一种是使用import语句导入，另一种是使用from…import语句导入。

import语句的使用形式如下：

```
import 模块1[,模块2[,…模块n]]
```

使用import导入模块后，要调用模块中的函数时，必须以下面的方式调用：

```
模块名．函数名()
```

from…import语句的使用形式有两种：

形式一：from 模块名 import name1[,name2[,…namen]]

形式二：from 模块名 import *

形式一只是从模块中导入指定的内容到当前命名空间，例如，from random import randint只是导入了random模块的randint函数。在程序中我们只能使用random模块的randint函数，不能使用模块中的其他函数。

形式二是将模块中所有的功能全部导入，其作用与import类似。

使用from…import导入模块后，对模块中函数的调用可以直接使用函数名，而不用在函数名前加模块名。另外，有时程序员觉得模块的名称太长或不符合个人的习惯，这时可以给模块起个别名，形式如下：

```
import 模块名 as 别名
```

调用模块中函数时就可以写成：

```
别名．函数名()
```

提示： import只能导入模块、包、子包，而不能导入模块中的类、函数和变量；from…import可以导入模块、包、子包、类、函数、变量以及在包的__init__. py中已经导入的名字。

7.6.4　模块的搜索路径

当导入一个模块时，Python解释器首先会在当前目录下查找模块文件，若当前目录下没有找到，就在shell变量PYTHONPATH下的每个目录进行搜索，如果还是找不到，就会查看默认路径。

模块的搜索路径存储在 sys 模块的 sys. path 变量中。变量里包含当前目录、PYTHONPATH 和由安装过程决定的默认目录。

Python 启动时会读取 PYTHONPATH 变量,因此,若模块不在上述的搜索路径中,我们可以将模块所在的路径添加到 PYTHONPATH 变量中,以保证模块都能被搜索到。另外,Python 在遍历已知库文件目录的过程中,若遇到 . ph 文件,便会将其中的路径加入 sys. path 中,这样 . ph 中所指定的路径就可以被 Python 找到了。

7.7 综合案例

【例 7-7】编写函数,接收一个整数 rows 作为参数,打印杨辉三角的前 rows 行。

杨辉三角具有以下特点:

(1)每行第一个数和最后一个数均为 1。

(2)从第三行开始,除第一个和最后一个数外,每个数等于它上方两个数之和。

(3)第 n 行有 n 个数字。

(4)第 n 行第 m 个数和第 n-m+1 个数相等。

(5)第 n 行数字之和为 2^{n-1}。

输出的杨辉三角形式如下:

```
          1
        1   1
      1   2   1
    1   3   3   1
  1   4   6   4   1
1   5  10  10   5   1
```

根据杨辉三角的特点可以得到如下代码:

```
#生成杨辉三角数据
def triangle(n):
    if n==0:
        return []
    ls=[[1]]
    for i in range(1,n):
        ls.append(list(map(lambda x,y:x+y,[0]+ls[-1],ls[-1]+[0])))
    return ls
#打印杨辉三角
def printTriangle(n=6):
    ls=triangle(n)
    for i in range(n):
        for j in range(n-i):            #比上一行少输出 1 个空格
            print(" ",end='')
```

```
            for j in range(i+1):
                print(f'{ls[i][j]}',end=' ') #每个数字后跟1个空格
            print()                          #换行

if __name__ == '__main__':
    printTriangle()
```

代码分析：

在函数 triangle()中，用二维列表来存放杨辉三角数据，每个二维列表的一个元素就是杨辉三角中的一行数据(也是列表)，列表的初始值只有一个元素。在第一次循环时，[0]+ls[-1]的值为[0,1]，表达式 ls[-1]+[0]的值为[1,0]，经过 lambda x,y:x+y 运算后得到的结果是[1,1]，并将其追加到列表的末尾；在第二次循环时，[0]+ls[-1]的值为[0,1,1]，表达式 ls[-1]+[0]的值为[1,1,0]，经过 lambda x,y:x+y 运算后得到的结果是[1,2,1]，同样将其追加到列表的末尾；在第三次循环时，[0]+ls[-1]的值为[0,1,2,1]，表达式 ls[-1]+[0]的值为[1,2,1,0]，经过 lambda x,y:x+y 运算后得到的结果是[1,3,3,1]，也将其追加到列表的末尾；依此类推，直到循环结束，就生成了杨辉三角所需要的数据。

本例比较特殊的一点是利用 map()函数生成了杨辉三角中的数据，由此也可以看出 Python 功能的强大。map()函数是 Python 的内置函数，它接收一个函数 f()和一个或多个可迭代对象，并通过函数 f()依次作用在可迭代对象的每个元素上，得到一个新的 map 对象并返回。map()函数可以处理长度不一致的情况，但无法处理类型不一致的情况。其调用形式如下：

```
map(f,iterable,…)
```

示例：

```
>>> square=lambda x:x * x
>>> list(map(square,[1,2,3]))
[1,4,9]
>>> list(map(int,[3.14,2.12]))
[3,2]
>>> list(map(lambda x,y:x+y,[1,2,3],[4,5]))
[5,7]
>>> list(map(lambda x,y:x+y,[1,2,3],[4,5,6]))
[5,7,9]
```

__name__是一个系统变量(前后各两个下画线)，它用于标识当前运行的模块名称，如果模块是被导入的，__name__就是模块的名字，如果模块是被执行的，__name__的值就为“__main__”。一般 Python 的模块中都定义了许多函数，并且很多模块都是可以独立运行的，在模块中加入 if 语句对__name__的值进行判断，不但可以分清模块是被直接运行的还是被导入的，还可以保证模块的调用者只是使用被导入模块的功能，而不是直接运行模块。

【例 7-8】编写函数，实现二分法查找算法。

从一堆数据中找出指定数据的通常做法是，从头到尾对数据进行扫描，在扫描的过程中对

数据进行逐一比较。当数据量比较大时,这种算法的执行效率会非常低。而二分法查找算法(也称折半查找算法)非常适合在大量的数据中查找指定的数据。二分法查找算法首先要求数据必须是按升序或降序排好序的,然后测试中间位置上的数据是否为要查找的数据,如果是,则算法结束;如果中间位置的数据比要查找的数据小,就在前面一半的数据中继续查找;如果中间位置的数据比要查找的数据大,就在后面一半的数据中继续查找。重复上面的过程,每次缩小一半的查找范围,直到查找成功或失败。

程序代码:

```
from random import randint
def bSearch(ls,value):
    start=0
    end=len(ls)-1
    while start<end:
        middle=(start+end)//2          #计算中间位置
        if value==ls[middle]:
            return middle              #查找成功,返回数据所在位置
        elif value<ls[middle]:         #在前面一半查找
            end=middle-1
        elif value>ls[middle]:         #在后面一半查找
            start=middle+1
    return False
ls=[randint(1,100) for i in range(20)]     #随机生成 20 个整数
ls.sort()                              #先对数据排序
print('待排序的数据为:')
print(ls)
while True:
    try:
        data=eval(input('请输入要查找的数据:'))
        break
    except Exception:
        print('输入错误,只能输入整数')
result=bSearch(ls,data)
if result:
    print('查找成功,查找数据的位置为:',result)
else:
    print('查找失败,查找的数据不存在')
```

程序运行结果:

```
待排序的数据为:
[10,11,13,36,39,50,50,51,53,56,58,60,63,65,66,75,80,82,87,92]
请输入要查找的数据:66
查找成功,查找数据的位置为:14
```

模块 random 用于生成随机数,它既可以生成随机小数,也可以生成随机整数。本例中的

randint( )函数用于生产指定范围内的随机整数。关于 random 模块的详细信息将在 11. 2 节介绍。

【例 7-9】编写函数,计算任意位数的黑洞数。黑洞数是指由这个数字每位上的数字组成的最大数减去每位数字组成的最小数,得到的仍然是这个数。例如,数字 495,954-459=495。

程序代码:

```
def blacknum(n):
    start=10**(n-1)
    end=10**n
    for i in range(start,end):
        #得到最大数字符串,先将 i 转换为字符串,再按照降序排列
        maxnum=''.join(sorted(str(i),reverse=True))
        #得到最小数字符串
        minnum=''.join(reversed(maxnum))
        #将字符串转换为整数
        maxnum,minnum=map(int,(maxnum,minnum))
        if maxnum-minnum==i:
            print(i)
n=eval(input('请输入数字长度:'))
print('{}位数黑洞数有:'.format(n))
blacknum(n)
```

程序运行结果:

```
请输入数字长度:4
4 位数黑洞数有:
6174
```

习　题

一、填空题

1. 在函数内部,可以通过关键字________来定义全局变量。

2. 若函数中没有 return 语句或 return 语句不带任何返回值,该函数的返回值为________。

3. 函数的参数有按位置传递、按默认值传递和________三种方式。

4. 在可变参数中,形参前面加“*”的参数以________形式存放,表示接收任意多个位置参数。

5. 在可变参数中,形参前面加“**”的参数以________形式存放,表示接收任意多个________参数。

6. Python 中的作用域,只有变量在模块、类、__________中定义的时候才有作用域的概念。

7. 在 Python 中,________、for、while 等语句块中并不会产生作用域,在这些语句块结束后,其中定义的变量依然可以被使用。

8. 使用 import 语句导入模块后,调用模块中的函数形式为________。

9. 使用语句:import 模块名________别名,可以为导入的模块重新命名。

10. 包是一个包含多个________的文件夹，当一个目录内含有_ _init_ _.py 文件时，就可以视该目录为一个包。

二、判断题

1. 函数是代码复用的一种形式。(　　)
2. 在 Python 中，定义函数的关键字是 define。(　　)
3. 定义函数时，若函数没有参数，则函数名后可以没有括号。(　　)
4. 在调用函数时，实参和形参是同一个对象。(　　)
5. 在 Python 中，一个函数中不能嵌套定义另一个函数。(　　)
6. 在 Python 中，定义一个函数必须包含 return 语句。(　　)
7. 在 Python 中，return 语句可以出现在函数中的任意位置。(　　)
8. 在不同作用域内不能定义相同的变量。(　　)
9. 如果在函数内有 return 100 语句，那么该函数返回的值一定是 100。(　　)
10. 在函数内部不能定义全局变量。(　　)
11. 在同一作用域内，局部变量不能与全局变量同名。(　　)
12. 形参可以看作局部变量，函数调用结束后形参将不能被访问。(　　)
13. 在定义函数时，带有默认值的参数必须出现在参数列表的最右端，任一个带有默认值参数的后面不允许出现没有默认值的参数。(　　)
14. f=lambda x:2 不是一个合法的语句。(　　)
15. from…import 语句可以导入模块的部分功能。(　　)

三、编程题

1. 定义一个函数 fn()，接收 n 个数字，求这些参数数字的和。
2. 编写函数 fib()，输出斐波那契数列中的前 n 个数。
3. 编写函数 cac()，它可以接收任意多个数，返回的值是一个元组，元组中的第一个值为所有参数的平均值，第二个及以后的值为大于平均值的所有数。

参考答案

第8章 文件操作

学习目标

1. 理解文件与目录的基本概念。
2. 掌握文本文件与二进制文件的处理方法。
3. 掌握文件的打开与关闭操作。
4. 理解文件的定位和随机存取。
5. 掌握文件的读取、写入和追加操作。

知识导图

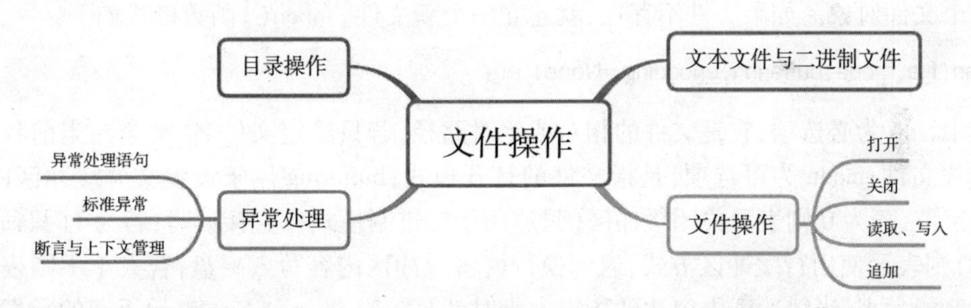

文件是计算机中信息组织的基本单位,文件通常都存储在存储介质中,而操作系统的重要功能之一就是对文件进行组织和管理。从系统的角度看,文件大体上可以分为指令文件和数据文件,当然指令文件中也可能包括部分数据。指令文件一般就是各种应用程序,数据文件一般是存储各类数据的文件。指令文件在操作系统的控制下运行,完成具体的功能。多数情况下,数据文件都由特定的应用程序进行操作。

8.1 文本文件与二进制文件

文本文件是基于字符编码的文件,常见的编码有 ASCII、Unicode 等,其文件内容就是字符,用户可以直接读懂。Python 3. x 以后,文本文件是以 Unicode 码值进行存储的。二进制文件是基于值编码的文件,存储的是二进制数据,数据是按照其实际占用的字节数来存放的。

二进制文件与文本文件最大的不同在于:文本文件使用通用的记事本就可以查看,可读性较高;而二进制文件存储的都是二进制数据,通常无法直接读懂。

数据存储时到底是以文本文件形式存储还是以二进制文件形式存储,需要根据情况而定。

8.2 文件操作

对文件进行操作,一般要经过三个步骤:打开文件、处理文件、关闭文件。打开文件就是在内存中为文件分配相应资源,建立程序与文件之间的相互联系和文件的其他相关信息;处理文件就包括读取文件内容到内存、向内存中的文件写入或修改数据等;关闭文件就是将内存中文件的信息写入存储介质,释放文件已分配到的内存资源,解除程序与文件之间的联系。

8.2.1 文件打开与关闭

在对文件操作之前,必须先打开文件。Python 使用内置函数 open()来打开一个文件,并返回一个文件对象。如果文件不存在,就建立一个新文件。open()函数格式如下:

```
open(file,mode,buffering,encoding=None)
```

其中,file 为必选项,它是文件的相对或绝对路径,若只给定文件名,则会在当前程序所在目录查找文件;mode 为可选项,是指文件的打开模式;buffering 用于设置文件缓冲区的大小,单位是字节,若为 0 则表示关闭缓冲区(只适用于二进制模式),直接读写;若为 1(只适用于文本模式)则表示使用行缓冲区方式,遇到换行就将缓冲区内容写入磁盘;若大于 1 则表示初始化缓冲区的大小,当缓冲区内容达到指定大小时就写入磁盘;encoding 表示返回的数据采用何种编码方式,一般使用 UTF-8 编码方式。

打开文件有 r(read,只读)、w(write,只写)、a(append,追加)、b(二进制模式)、t(文本模式)、+(读写模式)、x(独占模式)、U(通用换行符)等方式,b、t、+、x 这四种模式可与 r、w、a 根据实际需要组合使用。表 8-1 给出了 mode 参数的列表。

open()函数会返回一个文件对象,该对象的常用方法如表 8-2 所示。文件处理完成后,应当及时使用 close()方法关闭文件。

表 8-1 mode 参数列表

模式	描述
t	文本模式(默认模式)
x	写模式,新建一个文件,如果该文件已存在则会报错
b	二进制模式

（续）

模式	描述
+	打开一个文件进行更新(可读可写)
U	通用换行模式(不推荐)
r	以只读方式打开文件,文件的指针将会放在文件的开头,这是默认模式
rb	以二进制格式打开一个文件用于只读,文件指针将会放在文件的开头,这是默认模式。一般用于非文本文件,如图片文件
r+	打开一个文件用于读写,文件指针将会放在文件的开头
rb+	以二进制格式打开一个文件用于读写,文件指针将会放在文件的开头。一般用于非文本文件,如图片文件
w	打开一个文件只用于写入。如果该文件已存在则打开文件,并将原有内容删除,从开头开始编辑;如果该文件不存在,则创建新文件
wb	以二进制格式打开一个文件只用于写入。如果该文件已存在则打开文件,并将原有内容删除,从开头开始编辑;如果该文件不存在,则创建新文件
w+	打开一个文件用于读写。如果该文件已存在则打开文件,并将原有内容删除,从开头开始编辑;如果该文件不存在,则创建新文件
wb+	以二进制格式打开一个文件用于读写。如果该文件已存在则打开文件,并将原有内容删除,从开头开始编辑;如果该文件不存在,则创建新文件
a	打开一个文件用于追加。如果该文件已存在,文件指针会放在文件的结尾,新的内容将被写入已有内容之后。如果该文件不存在,则创建新文件进行写入
ab	以二进制格式打开一个文件用于追加。如果该文件已存在,文件指针将会放在文件的结尾,新的内容将会被写入已有内容之后。如果该文件不存在,则创建新文件进行写入
a+	打开一个文件用于读写。如果该文件已存在,文件指针将会放在文件的结尾,文件打开时是追加模式。如果该文件不存在,则创建新文件用于读写
ab+	以二进制格式打开一个文件用于追加。如果该文件已存在,文件指针将会放在文件的结尾。如果该文件不存在,则创建新文件用于读写

表 8-2　文件对象的常用方法

方法	描述
file. close( )	刷新缓冲区中还没有写入的信息并关闭文件。关闭后文件不能再进行读写操作
file. flush( )	刷新文件内部缓冲,直接把内部缓冲区的数据立刻写入文件,而不是被动地等待输出缓冲区写入
file. fileno( )	返回一个整型的文件描述符(file descriptor,FD),可以用在如 os 模块的 read 方法等一些底层操作上
file. isatty( )	如果文件连接到一个终端设备,则返回 True,否则返回 False
file. next( )	返回文件下一行
file. read([size])	从文件读取指定的字节数,如果未给定或为负则读取所有
file. readline([size])	读取整行,包括"\n"字符
file. readlines([sizeint])	读取所有行并返回列表,若给定 sizeint>0,则是设置一次读多少字节,这是为了减轻读取压力
file. seek(offset[,whence])	设置文件当前的读写位置

（续）

方法	描述
file. tell( )	返回文件当前位置
file. truncate([size])	截取文件,截取的字节通过 size 指定,默认为当前文件位置
file. write(str)	将字符串写入文件,返回的是写入的字符长度
file. writelines(sequence)	向文件写入一个序列字符串列表,如果需要换行则要自己加入每行的换行符

8.2.2 文件定位

通过 open( ) 函数创建了文件对象后会产生一个读写指针(可简单认为就是光标),这个指针起初位于文件的头部,即最左边的开始位置。随着文件中信息的访问,指针的位置也会随之发生变化。如果访问时按照从左到右的顺序进行访问,就是顺序访问。而在有些情况下,我们可能需要从一个位置直接跳跃到另一个位置进行访问,这种访问方式就是随机访问。Python 文件对象提供的 seek( ) 方法可以完成文件指针的定位,实现随机访问。其调用格式如下:

```
seek( <偏移值>[ ,起始位置] )
```

其中,偏移值表示从起始位置将读写指针移动一定的距离,其单位为字节。偏移值为正数表示向右移动,即向文件尾部移动,为负数表示向左移动,即向文件头部移动;起始位置为可选项,默认值为 0,表示从文件起始处开始,1 表示从当前指针处开始,2 表示从文件末尾开始。

> **提示**:若 seek( ) 方法起始位置参数设置为 1 或 2,则只有以 b 模式打开文件才能指定非 0 的偏移值。

tell( ) 方法可以获取当前指针所在的位置,它没有参数,返回值为正数。

假设有文本文件 ss. txt,文件内容为 Python programming。seek( ) 与 tell( ) 方法使用示例如下:

```
>>> fp=open('ss. txt ','rb ')          #以二进制只读模式打开文件
>>> f. seek(3)                         #移动到文件第 4 个字节
3
>>> fp. seek(-3,2)                     #移动到文件倒数第 3 个字节
16
>>> fp. tell()
16
>>> fp. seek(0,2)                      #定位到文件尾部
19
>>> fp. close()
```

8.2.3 文件的读取、写入与追加

1. 读取文件

Python 有三种读取文件数据的方法,方法的返回值为读取到的内容。

(1)read([size])方法。该方法返回的是一个字符串,size 表示读取的字符数,如果 size 省略,则表示读取文件所有内容。如果已达到文件末尾,则返回一个空字符串('')。

(2)readline()方法。该方法返回的同样是一个字符串,内容为文件的当前一行,换行符(\n)会保留在字符串的末尾。如果读取到的是一个空行,则返回'\n';如果已达到文件末尾,则返回一个空字符串('')。

(3)readlines()方法。该方法返回的是一个列表,列表中的每个元素对应文件中的一行内容(包括行尾的换行符)。

对于只需读入数据的情况,Python 可以通过下面快速列表的方式读入文件:

```
<列表>=list(open(<file>))
```

它将文件的打开和读取一次完成,也不用单独关闭文件。列表中的一个元素就是文件的一行,是一个字符串对象。

2. 写入文件

将数据写入文件有两种方法:

(1)write(str)方法。该方法将字符串写入文件中,并返回写入的字符数。它不会自动换行,如果需要换行,需要在字符串的末尾使用换行符'\n'。

(2)writelines(seq)方法。该方法用于向文件写入一个序列的字符串,序列字符串可以由迭代对象产生,如一个字符串列表,它没有返回值,同样,它不会自动换行。

3. 向文件追加数据

向文件末尾追加数据同样需要使用 write()方法,但此时需要以 a 模式打开文件,这样指针会移动到文件末尾,从而使得所有写操作都在文件末尾进行。

> **提示:**无论是文件读取方法,还是写入方法,都是从文件指针当前位置开始读取或写入的。

示例:

以读写方式打开文件,文件编码用 UTF-8 格式。

```
>>> fp=open('aa.txt','w+',encoding='utf-8')
```

向文件写入数据:

```
>>> fp.write('Python\n')
7
>>> fp.write('Programming')
11
```

读取文件全部内容,上面的代码写入数据后,文件指针位于文件末尾,读取到的内容为''。

```
>>> fp.read(3)
''
```

先将文件指针定位到首部,再读取内容。

```
>>> fp.seek(0)          #文件指针移动到文件首部
0
>>> fp.read(3)          #读取 3 个字节内容
'Pyt'
>>> fp.seek(0)
0
>>> fp.readline()       #读取一行
'Python\n'
>>> fp.readlines()      #读取剩余所有行
['Programming']
>>> fp.seek(0)          #文件制定移动到文件首部
0
>>> fp.readlines()      #读取所有行
['Python\n','Programming']
>>> fp.close()
```

8.3 目录操作

文件对象提供了有关文件读写及关闭的方法,但它不能完成文件的删除、重命名和目录等操作。Python 的模块 os 提供了一系列处理目录及文件的操作方法。

使用 os 模块,先要使用 import 导入。常用的 os 模块目录及文件操作方法如表 8-3 所示。

表 8-3 os 模块常用目录及文件操作方法

方法	描述
os.rename(oldname,newname)	将文件名 oldname 重命名为 newname
os.remove(filename)	删除文件
os.mkdir(dirname)	创建目录
os.chdir(newdir)	改变当前目录
os.rmdir(dirname)	删除目录
os.getcwd()	获取当前目录
os.listdir(path)	返回指定文件夹下的文件或文件夹的名字列表
os.path.split(p)	以元组形式返回文件的路径和文件名
os.path.splitext(p)	以元组形式返回文件名和扩展名

提示:重命名文件和删除文件时,文件必须处于关闭状态。

8.4 异常处理

程序出错几乎是一件不可避免的事情,到目前为止,无论多么优秀的程序员也不敢保证自己编写的程序代码不会出错。总体上来看,程序的错误一般可以分为语法错误和运行时错误两大类。语法错误往往是程序员疏忽造成的,这类错误相对比较容易排查;而运行时错误往往是程序内部隐含的逻辑问题,这类错误只有在程序运行时才会暴露出来,相对难以排查。

异常是指程序运行时发生的错误。引发错误的原因很多,如除零、下标越界、文件不存在、网络异常、用户操作不规范等。如果这些错误得不到正确的处理将会导致程序终止运行,甚至造成"死机"。因此,一个优秀的程序员必须要想方设法让自己编写的程序具有更高的容错性,使得程序在发生异常的情况下也能够正常运行或终止。

程序员在编写代码时应尽可能地对可能产生的异常进行检测并处理,最简单的做法就是使用 if 语句对各种情况进行判断,但这种方法往往需要写大量的 if 语句。如果能够有一种通用机制,在程序运行时捕获异常,这样不但可以及时处理异常,还可以减少书写代码的工作量,从而大大提高程序的健壮性。

Python 提供了一种异常检测机制,它把异常当作一个事件,这个事件可以被 Python 捕获,捕获异常后,程序员就可以根据异常进行相应的处理。

8.4.1 异常处理语句

Python 有 4 种常用结构可以捕获异常,其基本原理都是,先尝试运行代码,如果没有问题就正常执行,如果发生错误就尝试去捕获和处理,最后实在无法处理了才终止程序。

1. try…except…结构

try…except…结构是 Python 异常处理结构中最简单的一种形式,其语法形式如下:

```
try:
    #可能引发异常或错误的代码
except [<异常名> [as reason]]:
    #处理异常或错误的代码
```

当 except 后没有异常名时,表示捕获所有异常,包括键盘终端和程序退出请求(因为异常被捕获,所以使用 sys. exit()就无法退出程序,因此要慎用);当 except 后有异常名时,表示捕获指定的异常。多数情况下,<异常名>都是使用系统提供的标准异常名(表 8-4)。Python 中,所有异常都是 Exception 的成员,因此,在不清楚异常名的情况下,可以使用 Exception 代替。当使用异常名 Exception 时,可以捕获除与程序退出 sys. exit()相关的所有异常。as 的作用是把异常对象赋值到 as 后的变量中去,该变量的内容是 Python 定义的异常产生的具体原因描述信息。

该结构处理异常的规则:

执行 try 下面的语句,如果某条语句引发异常,就跳转到 except 语句;如果 except 中定义的异常与引发的异常相匹配,则执行 except 中的语句,如果不匹配,则异常传递到下一个调用本代码的外层 try 代码中,即继续向外层抛出异常;如果所有层都没有捕获并处理该异常,则程序终止并将该异常呈现给用户。

一般情况下，我们将所有可能引发异常或错误的语句都放在 try 代码块中，将错误或异常处理代码放在 except 代码块中。

下面的代码用来接收用户的输入，并要求用户只能输入整数，不能输入其他类型的数据。

```
while True:
    m=input('请输入:')
    try:
        m=int(m)            #可能会引发异常
        print('正确,您输入的是:',m)
        break
    except Exception as e:
        print('输入错误,只能输入整数')
```

运行结果：

```
请输入:2.3
输入错误,只能输入整数
请输入:34d
输入错误,只能输入整数
请输入:123
正确,您输入的是:123
```

在上面的代码中，可以使用 if 语句对用户输入的数据进行合规性检查，但这要求程序员必须考虑到所有可能的情况，而在实际应用中，总会不可避免地出现一些没有考虑到的情况，并且如果情况比较复杂，还需要写大量的 if 语句。

在本例中，m=int(m)只能对数字型数据操作，而由于用户的误操作或者是恶意输入，如果不加入异常保护机制，程序会异常终止。使用异常检测机制对用户输入的数据在数据类型转换时进行异常保护，可以确保在数据不合法的情况下，程序也能够继续运行，从而提高了程序的健壮性。

2. try…except…else 结构

含有 else 子句的异常处理结构可以理解为一种特殊形式的选择结构。如果 try 中的代码抛出了异常，并且被某个 except 捕获，则执行相应的异常处理代码，这种情况下不会执行 else 中的代码。依赖于 try 代码块成功执行后才被执行的代码都应放在 else 代码块中。如果 try 中的代码没有抛出任何异常，则执行 else 块中的代码。其语法格式如下：

```
try:
    #可能引发异常或错误的代码
except [<异常名> [as reason]]:
    #处理异常或错误的代码
else:
    #如果 try 子句没有引发异常,就执行这里的代码
```

例如，前面要求用户必须输入整数的代码可以这样写：

```
while True:
    m=input('请输入:')
    try:
        m=int(m)
    except Exception as e:
        print('输入错误,只能输入整数')
    else:
        print('正确,您输入的是:',m)
        break
```

运行结果:

```
请输入:3.14
输入错误,只能输入整数
请输入:65fs
输入错误,只能输入整数
请输入:34
正确,您输入的是:34
```

在上面的代码中,我们只将最可能引发异常的代码写在了 try 中,而把 try 成功执行后才执行的代码写在了 else 中,这是一种推荐的写法。也就是说,不要把太多的代码写在 try 中,而是应该只放可能会引发异常的代码。

3. try…except…finally 结构

在这种结构中,不管有没有发生异常,异常有没有被捕获,finally 子句中的语句都会被执行。所以,finally 中的代码一般都是完成一些善后清理工作,例如,释放 try 中申请的资源。该结构语法如下:

```
try:
    #可能引发异常或错误的代码
except [<异常名> [as reason]]:
    #处理异常或错误的代码
finally:
    #无论 try 子句没有引发异常,都执行这里的代码
```

需要注意的是,如果 try 子句中的异常没有被捕获和处理,或者 except 子句或 else 子句中的代码出现了异常,这些异常将会在 finally 子句执行完成后再次抛出。另外,finally 中的代码也可能会抛出异常;使用带有 finally 子句的异常处理结构时,应尽量避免在子句中使用 return 语句,否则可能会出现意想不到的错误。

4. 带有多个 except 的 try 结构

在具体的程序中,同一段代码可能会存在多种情况的异常,如果各种情况的异常都按一种情况异常情况处理,程序显然就失去了人机交互的友好性,不利于用户的实际操作。Python 支持带有多个 except 的异常处理结构,这种结构类似于多分支选择结构。一旦某个 except 捕获了异常,则后面剩余的 except 子句将不会再执行。其语法格式如下:

```
try:
    #可能引发异常或错误的代码
except Exception1:
    #处理异常 1 的代码
except Exception2:
    #处理异常 2 的代码
except Exception3:
    #处理异常 3 的代码
……
```

下面的代码演示了这种异常结构的使用方法:

```
while True:
    try:
        x=float(input('请输入被除数:'))
        y=float(input('请输入除数:'))
        z=x/y
    except ValueError:
        print('只能输入数字')
    except ZeroDivisionError:
        print('除数不能为 0 ')
    except NameError:
        print('变量不存在')
    except SyntaxError:
        print('语法错误')
    else:
        print(x,'/',y,'=',x/y)
        break
```

运行结果:

```
请输入被除数:4c
只能输入数字
请输入被除数:6
请输入除数:0
除数不能为 0
请输入被除数:6
请输入除数:3
6.0/3.0=2.0
```

8.4.2 标准异常

在 Python 中,系统提供了常用的标准异常,如表 8-4 所示。这些异常不但可以在程序中直接使用,也可以在调试程序代码过程中作为参考说明。

表 8-4　标准异常

异常名称	描述
BaseException	所有异常的基类
SystemExit	解释器请求退出
KeyboardInterrupt	用户中断执行(通常是输入^C)
Exception	常规错误的基类
StopIteration	迭代器没有更多的值
GeneratorExit	生成器(generator)发生异常来通知退出
StandardError	所有的内建标准异常的基类
ArithmeticError	所有数值计算错误的基类
FloatingPointError	浮点计算错误
OverflowError	数值运算超出最大限制
ZeroDivisionError	除(或取模)零(所有数据类型)
AssertionError	断言语句失败
AttributeError	对象没有这个属性
EOFError	没有内建输入,到达 EOF 标记
EnvironmentError	操作系统错误的基类
IOError	输入/输出操作失败
OSError	操作系统错误
WindowsError	系统调用失败
ImportError	导入模块/对象失败
LookupError	无效数据查询的基类
IndexError	序列中没有此索引(index)
KeyError	映射中没有这个键
MemoryError	内存溢出错误(对于 Python 解释器不是致命的)
NameError	未声明/初始化对象 (没有属性)
UnboundLocalError	访问未初始化的本地变量
ReferenceError	弱引用(weak reference)试图访问已经垃圾回收了的对象
RuntimeError	一般的运行时错误
NotImplementedError	尚未实现的方法
SyntaxError	Python 语法错误
IndentationError	缩进错误
TabError	Tab 和空格混用
SystemError	一般的解释器系统错误
TypeError	对类型无效的操作
ValueError	传入无效的参数
UnicodeError	Unicode 相关的错误
UnicodeDecodeError	Unicode 解码时的错误
UnicodeEncodeError	Unicode 编码时的错误
UnicodeTranslateError	Unicode 转换时的错误
Warning	警告的基类
DeprecationWarning	关于被弃用的特征的警告
FutureWarning	关于构造将来语义会有改变的警告

（续）

异常名称	描述
OverflowWarning	旧的关于自动提升为长整型(long)的警告
PendingDeprecationWarning	关于特性将会被废弃的警告
RuntimeWarning	可疑的运行时行为(runtime behavior)的警告
SyntaxWarning	可疑的语法警告
UserWarning	用户代码生成的警告

8.4.3 断言与上下文管理

1. 断言

Python 断言语句 assert 也是一种比较常用的排错技术，它主要用于测试一个条件是否成立，如果不成立，则抛出异常。一般来说，断言只在程序的开发和测试阶段使用，在代码的实际运行环境中不建议使用。

assert 语句仅当脚本的__debug__属性值为 True 时有效，当对 Python 程序进行编译时，使用优化选项-o 或-oo，assert 语句将被删除。

assert 语句使用格式如下：

```
assert 表达式[,参数]
```

当程序运行到某个节点时，如果要断定某个变量的值应该是什么，或者某个对象必然拥有某个属性等，而程序员在编写代码时还不能确定，就可以使用断言语句。例如：

```
>>> import sys
>>> assert True
>>> assert False
Traceback (most recent call last):
    File "<pyshell#138>",line 1,in <module>
        assert False
AssertionError
>>> assert 1==1
>>> assert 1==2
Traceback (most recent call last):
    File "<pyshell#140>",line 1,in <module>
        assert 1==2
AssertionError
>>> assert('linux' in sys.platform),'此代码只能在 Linux 系统下运行'
Traceback (most recent call last):
    File "<pyshell#141>",line 1,in <module>
        assert('linux' in sys.platform),'此代码只能在 Linux 系统下运行'
AssertionError:此代码只能在 Linux 系统下运行
>>>
```

2. 上下文管理

Python 的上下文管理语句 with 适用于对资源进行访问的场合，在一定程度上可以替代

try/except 语句,它不管处理过程是否发生错误或异常,都会执行资源的“清理”操作,释放被访问的资源,常用于文件操作、数据库连接、网络通信和多线程、多进程同步等场合。

with 语句的语法格式如下:

```
with context_expression [as target(s)]:
    <语句块>
```

例如:

```
with open('/path/to/file','r') as f:
    print(f.read())
```

上面代码的作用是以只读方式打开指定的文件,并输出文件内容。如果打开的文件不存在, open()函数会抛出一个 IOError 错误,with 语句会自动完成文件的关闭操作。上面的代码如果使用 try…finally 结构,应该写成如下形式:

```
try:
    f=open('/path/to/file','r')
    print(f.read())
finally:
    if f:
        f.close()
```

显然,第一种书写方式比第二种书写方式更加简洁明了,代码量也更加少。因此,能够使用 with 语句的情况,建议应尽量减少使用 try 结构处理异常。

8.5　综合案例

【例 8-1】读入并打印文件 test. txt 的内容。

问题分析:

readline()和 readlines()都可以读取文件的内容,readline()每次只读取一行,而 readlines()会一次读取文件的所有内容,并返回一个列表,列表中的每个元素就是文件的一行内容。由此可以看出,readlines()比 readline()需要更大的内存空间,但由于内存的运行速度要远高于外存,一次将内容全部读入内存,程序后续的处理速度会大大加快,这也是许多软件安装会对内存大小提出要求的原因之一。因此,只有当计算机内存不能一次容纳文件内容时,才应该使用 readline()函数,其他情况应当使用 readlines()函数。本例分别演示了使用两个函数的方法。

程序代码:

```
try:
    fo=open('test.txt','r',encoding='utf-8')
except:
    print('文件不存在')
else:
```

```
        print('打开的文件为:',fo.name)
        content=fo.readlines()
        for line in content:
            print(line)
            fo.seek(0)
        while True:
            line=fo.readline()
            print(line)
            if not line:
                break
finally:
    fo.close()
```

程序运行结果：

```
打开的文件为:test.txt
日照香炉生紫烟,遥看瀑布挂前川。

飞流直下三千尺,疑是银河落九天。

日照香炉生紫烟,遥看瀑布挂前川。

飞流直下三千尺,疑是银河落九天。
```

本例中执行 readlines()函数后,文件指针移动到了文件末尾,在不重新打开文件的情况下,要继续使用 readline()函数应该先使用 seek()函数将指针移动到文件开始处,否则readline()函数会从文件指针当前位置处开始读取数据。当 readline()函数读取到文件末尾时,会读取到一个空字符,这意味着已经到了文件末尾。

> **提示:**文件末尾为空,并不等于一个空白行,因为空白行至少会有一个换行符或者系统使用的其他符号。

【例 8-2】文件 s1.txt 中保存了学生的学号和 5 门课程的成绩,各数据项之间使用英文冒号进行分割。要求计算每位学生的总成绩和平均成绩,并按平均成绩降序排序后保存到文件 s2.txt 中。s1.txt 文件内容如下：

```
10001:77:93:69:75:82
10002:58:87:70:72:90
10003:73:88:67:74:79
10004:80:81:66:81:81
10005:75:90:80:82:83
10006:62:92:77:69:90
10007:71:79:68:84:79
10008:67:84:76:70:80
```

问题分析：

处理文件中的数据首先应该弄清楚数据之间的分割符,这样才能在读取数据后正确地进行分割,以便进一步处理。同时,从文件中读取或向文件写入数据的数据类型都是字符串类型,我们应该根据实际情况对其进行数据类型转换或不转换。

在本例中,每行数据的第一个数据表示学号,其余每一项是一门课程的成绩。我们首先从文件读入数据,然后对每一行数据进行分割。由于学号不参与运算,因此,我们在进行计算前,先将学号与成绩进行剥离存放,然后再将所有成绩数据转换为数字型数据。

numpy 模块具有丰富的数组与矩阵运算功能,我们在前面数据处理的基础上,将成绩列表转换为数组,再使用 numpy 库的 sum()函数和 mean()函数得到总成绩与平均值,并将它们追加到成绩列表中每个元素的末尾,最后使用 numpy 库的 lexsort()函数进行排序。

lexsort()函数的返回值是排序后数组的索引值,原数组的顺序并未发生改变。

学号列表与成绩列表是一一对应的关系,输出数据时,可以通过排序后的索引值将学号和成绩进行关联输出。

程序代码:

```
import numpy as np
with open('s1.txt','r',encoding='utf-8') as fo:
    scoreList=fo.readlines()
print('读入的文件为{0},共有{1}条数据。'.format(fo.name,len(scoreList)))
print('原始数据为:')
for i in scoreList:
    for j in i:
        print(j,end='')
print()
#切分数据
tempList=[]        #保存切分后的数据
for i in scoreList:
    data=i.split(':')
    tempList.append(data)
#将成绩与学号拆分成两个列表
sIdList=[]
scoreList=[]
for row in tempList:
    sIdList.append(row[0])
    scoreList.append(row[1:])      #获取成绩
#将成绩数据转换为数值型数据
for row in range(len(scoreList)):
    for col in range(len(scoreList[row])):
        scoreList[row][col]=eval(scoreList[row][col])
arr=np.array(scoreList)      #将列表转换为数组
i=0
for row in arr:      #将总成绩与平均成绩追加到行尾
    scoreList[i].append(np.sum(row))      #求一行数据的和
    scoreList[i].append(np.mean(row))      #求一行数据的平均值
```

```
        i+=1
    arr=np.array(scoreList)
    sortIndex=np.lexsort(-arr.T)        #按最后一项数据降序排序
    print('排序后的索引为:')
    print(sortIndex)
    #将排序后的结果写入文件 s2.txt 中
    print('排序后的结果为:')
    with open('s2.txt','w') as s2:
        for i in sortIndex:
            s2.write(sIdList[i]+'\t')
            print(sIdList[i]+'\t',end='')
            for j in scoreList[i]:
                s2.write(str(j)+'\t')
                print(str(j)+'\t',end='')
            s2.write('\n')
            print()
```

程序运行结果:

```
读入的文件为 s1.txt,共有 8 条数据。
原始数据为:
10001:77:93:69:75:82
10002:58:87:70:72:90
10003:73:88:67:74:79
10004:80:81:66:81:81
10005:75:90:80:82:83
10006:62:92:77:69:90
10007:71:79:68:84:79
10008:67:84:76:70:80
排序后的索引为:
[4 0 5 3 6 2 1 7]
排序后的结果为:
10005   75  90  80  82  83  410  82.0
10001   77  93  69  75  82  396  79.2
10006   62  92  77  69  90  390  78.0
10004   80  81  66  81  81  389  77.8
10007   71  79  68  84  79  381  76.2
10003   73  88  67  74  79  381  76.2
10002   58  87  70  72  90  377  75.4
10008   67  84  76  70  80  377  75.4
```

在 lexsort(-arr.T)函数中,“-”表示按降序排序,“T”表示对最后一项数据排序。

Python 并没有数组这一数据类型,但我们可以从形式上简单地将列表认为是一个数组。要注意的是,列表中各元素的数据类型可以不相同,而数组中数据的类型都是一致的。同时,列表不具备数组的全部属性,如维度、转置等。

提示:使用 numpy 函数一定要先将列表转换为数组。

【例 8-3】移动文件指针,截断文件到指针位置,并输出截断的结果。

问题分析:

截断文件内容实际上就是删除截断点外其余的内容。截断文件内容,应当先判断文件指针当前所处的位置,然后再使用 seek 函数对文件指针进行移动,最后使用 trancate 函数截断字符。

truncate([size])函数用于截断文件并返回截断字节的长度,如果指定长度的话,就从文件开始处截断指定长度的内容,其余内容删除;如果不指定长度的话,就从文件开始截断到当前位置,其余内容删除。

程序代码:

```
with open('8-3.txt','r+') as fo:
    currentPos=fo.tell()
    print('当前文件指针位于:',currentPos)
    print('文件原始内容为:')
    for line in fo.readlines():
        print(line)
    currentPos=fo.seek(3)
    currentPos=fo.tell()
    print('当前文件指针位于:',currentPos)
    #截断文件,第 14 个字符后的内容会被清除
    str=fo.truncate(14)
    fo.seek(0)                    #文件指针移动的开始位置
    print('截断后文件内容为:')
    for line in fo.readlines():
        print(line)
```

程序运行结果:

```
当前文件指针位于:0
文件原始内容为:
日照香炉生紫烟,遥看瀑布挂前川。

飞流直下三千尺,疑是银河落九天。
当前文件指针位于:3
截断后文件内容为:
日照香炉生紫烟
```

提示:使用 truncate 函数时,对于 UTF-8 编码文件中的中文应以 3 的倍数进行截断,而对于 ANSI 编码文件中的中文应以 2 的倍数进行截断,否则会产生乱码。

【例 8-4】现有学生花名册以 CSV 格式存储(文件名为 studentlist. csv),内容包括学号、姓名、性别、出生日期。现要求编写程序读入、打印文件内容,并追加写入如下数据:

CSV(comma-separated values,逗号分隔值,有时也称为字符分隔值,因为分隔字符也可以不是逗号)格式文件是一种通用的、简单的文件格式,其文件以纯文本形式存储表格数据(如 Excel 表格数据),被广泛用于在程序中转移表格数据。在 CSV 文件中,每行数据都是由相同字段组成的,字段间的分隔符是其他字符或字符串,一般为逗号或制表符。若字段值中包含特殊字符(逗号、换行符、双引号等),必须用双引号引起来。CSV 文件可以使用记事本或 Microsoft Excel 打开。

读取和写入 CSV 文件有两种方法:第一种方法是按文本文件的处理方式进行读写操作,每一行是一条记录,按行读写即可;第二种方法是使用第三方 CSV 模块处理。本例采用第二种方法操作。

(1)CSV 模块读取 CSV 文件主要有以下两种方式:

①使用 reader()函数读取,返回一个 reader 对象。reader 对象可以使用迭代方式获取每行数据。其调用方式如下:

```
reader =csv. reader(csvfile,dialect= 'excel', ** fmtparam)
```

其中,csvfile 是已打开的文件对象或者其他支持迭代的对象;dialect 用于指定 CSV 的格式,默认是 excel 格式(逗号分隔);fmtparam 是一系列参数列表,主要用于设置特定的格式,以覆盖 dialect 中的格式。

②使用 DictReader()函数读取。该函数按照字典的方式读取 CSV 文件内容,返回的是一个字典对象。其调用形式如下:

```
dReader=csv. DictReader(csvfile,fieldnames=None,restkey=None,restval=None,dialect= 'excel', * args,
                    **kwds)
```

其中,csvfile 是已打开的文件对象或 list 对象;fieldnames 用于指定字段名,如果没有指定,则第一行为字段名;restkey 和 restval 用于指定字段名和数据个数不一致时所对应的字段名或数据值,其他参数同 reader 对象。

CSV 文件的第一行一般都是字段名,从第二行开始才是具体的数据。在默认情况下,DictReader 会将第一行的内容作为“键”。

(2)对应读取方式,同样有以下两种方式写入 CSV 文件:

①使用 writer()函数写入文件,返回一个 writer 对象。writer 对象的方法 writerow()可以写入一行数据,writerows()可以写入多行数据。其调用形式如下:

```
csv. writer(csvfile,dialect= 'excel', ** fmtparams)
```

②使用 DictWriter()函数将字典类型数据写入 CSV 文件。其调用形式如下:

```
csv. DictWriter(csvfile,fieldnames,restval='',extrasaction='raise',dialect='excel', * args, ** kwds )
```

调用 DictWriter()函数一般要传入两个参数,一个是文件对象 csvfile,一个是字段名称 fieldnames。写入表头时,只需要调用 writerheader()方法;当写入一行字典系列数据时,调用 writerow()方法,并传入相应字典参数,写入多行时调用 writerows()方法。

程序代码：

```
import csv
print('原始文件内容为:')
with open('studentlist.csv','r',encoding='utf-8') as f:
    reader=csv.reader(f)
    for i in reader:
        print(i)
print('='*40)
print('输入 exit 或 ex 终止输入')
print('输入格式为:姓名,性别,出生日期(年-月-日)')
print('='*40)
with open('studentlist.csv','a',newline="",encoding='utf-8') as f:
    csvout=csv.writer(f,delimiter=',')
    while True:
        data=input('请输入:')
        if data in 'exit,ex':
            break
        else:
            if '，' in data:          #去除中文逗号
                data=data.replace('，',',')
            data=list(data.split(','))
            csvout.writerow(data)
with open('studentlist.csv','r',encoding='utf-8') as f:
    data=[r for r in csv.reader(f)]
print('追加数据后文件内容为:')
if data:
    for i in data:
        print(i)
```

程序运行结果：

```
原始文件内容为:
['姓名','性别','出生日期']
['张三','男','1999-05-07']
['李四','男','1998-08-21']
========================================
输入 exit 或 ex 终止输入
输入格式为:姓名,性别,出生日期(年-月-日)
========================================
请输入:小花,女,1999-03-17
请输入:小明,男,1998-06-01
请输入:小兰,女,1999-07-09
请输入:ex
```

```
追加数据后文件内容为：
['姓名','性别','出生日期']
['张三','男','1999-05-07 ']
['李四','男','1998-08-21 ']
['小花','女','1999-03-17 ']
['小明','男','1998-06-01 ']
['小兰','女','1999-07-09 ']
```

【例 8-5】批量修改文件名。假设文件 fileinfo.csv 中存储了原文件名和新文件名(都不包括文件扩展名)信息,通过读取该文件中的信息批量修改指定目录下的文件名。

程序代码：

```
import os,csv
#将当前目录改为待修改文件的目录
while True:
    try:
        path=os.chdir(input('请输入待修改文件所在的目录:'))
        break
    except:
        print('错误的目录名,请重新输入')
print(f'待修改的文件目录为{os.getcwd()}')
ext=input('请输入文件扩展名:')
if '.' not in ext:
    ext='.'+ext
#获取实际的文件名
oldFileList=os.listdir(path)
successNum=0        #修改成功数
errorNum=0          #修改失败数
errorFiles=[]       #保存修改失败的文件名
with open('studentinfo.csv','r',encoding='utf-8') as fp:
    newFileList=[r for r in csv.reader(fp,delimiter=',')]
    if not newFileList:
        os.exit()
for ls in newFileList:
    try:
        os.rename(ls[0]+ext,ls[1]+ext)
        successNum+=1
    except:
        errorNum+=1
        errorFiles.append(ls[0]+ext)
        print(f'没有找到文件:{ls[0]}')
print(f'{successNum}个文件修改成功')
print(f'{errorNum}个文件修改失败')
```

```
print('修改失败的文件有:')
for ls in errorFiles:
    print(ls)
```

习 题

一、填空题

1. 一般情况下,可以将文件分为文本文件和________两大类。

2. Python 内置函数________用来打开或创建文件,并返回文件对象。

3. Python 文件对象的________方法是用来关闭文件的。

4. 打开文件的四种基本模式有________、________、________和“x”模式。

5. 打开或写入文件函数中的____________参数用于指定文件的编码格式。

6. 文件的指针是________________。

7. 文件对象的________方法可读取文件所有内容。

8. 文件对象的________方法可使用户读取文件的一行内容。

9. 文件对象的 readlines()方法返回的数据类型是________。

10. 文件对象的________方法用于向文件写入数据,但它不会自动换行。

11. 读取文件内容必须以________模式打开文件。

12. 写入文件必须以________或________模式打开文件。

13. 上下文管理语句________可以自动管理文件对象,它能在结束其下的语句块时,确保文件被正常关闭。

14. 在 Python 中,管理目录需要引入________模块。

15. 重命名文件和删除文件时,文件必须处于________状态。

二、判断题

1. 在默认情况下,以“w”模式打开文件时,文件指针指向文件末尾。(　　)

2. 函数 seek()用于查找文件数据。(　　)

3. 二进制文件不能用记事本程序打开。(　　)

4. 文件对象的 tell()方法用于返回文件指针当前所在的位置。(　　)

5. 以写方式打开的文件无法进行读取操作。(　　)

6. Python 的源代码文件属于二进制文件。(　　)

7. 对文件读写后必须要关闭文件。(　　)

8. Python 无法对目录或文件名进行操作。(　　)

9. 使用 with 语句打开文件后可以不使用文件对象的 close()方法关闭文件。(　　)

10. 在默认情况下,Python 文件的编码格式为 gbk。(　　)

三、编程题

1. 编写程序,将当前目录下文件 test. txt 的内容清空,并通过交互方式输入存入文件的内容,要求至少输入 2 行数据。

2. 编写程序,根据用户输入的文件名,在 C 盘下搜索该文件是否存在。

3. 编写程序,将下列数据写入文件 data. csv 中,并实现按字段名读取数据的功能。

ID	name	age
101	小张	20
102	小赵	21
103	小王	19

4. 编写程序,将 data1. txt 文件中每个单词的第一个字母全部转换为大写字母。

5. 现有一个学生基本信息文件 st. csv,文件内容包括学号、姓名、身份证号。同时,还有一批全部以学号命名的学生照片文件。请编写程序,根据学生基本信息文件,将所有文件扩展名为 .jpg 的照片文件更改为以身份证号命名,原文件扩展名不变。

参考答案

第9章 面向对象程序设计

学习目标

1. 理解面向对象程序设计的基本思想。
2. 理解面向对象的基本概念。
3. 熟练掌握类的定义方法。
4. 能够根据实际情况设计类并进行应用。

知识导图

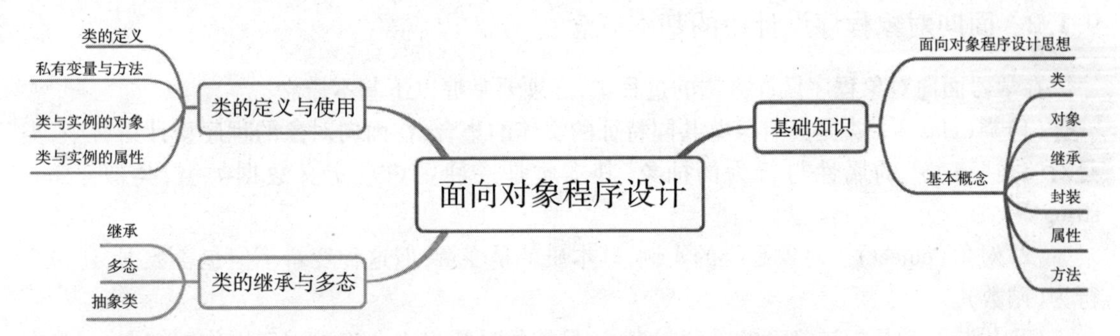

高级程序设计语言中最基本的构成要素是变量(数据)、表达式和语句,通过算法对这些元素进行组合就可以实现具有复杂功能的程序。前面章节的程序设计方法为面向过程的程序设计方法,其主要思想就是分析出解决问题所需的步骤,然后用函数将这些步骤依次实现,使用的时候依次调用就可以完成所需的功能。还有一种编程方法就是面向对象的编程方法(object oriented programming,OOP),其主要思想就是用“对象”把数据和功能组合起来,最终通过对象来组织程序。当要解决的问题比较简单或者软件规模较小时,我们可以使用面向过程的编程方式,但当编写大型软件时,应该使用面向对象的编程方式。

Python 不但支持函数式编程,也是一种面向对象的解释型高级动态程序设计语言。在 Python 中一切皆为对象,如前面章节学习过的字符串、列表、元组、字典、数字等。每种对象都有自己的属性和行为。

9.1 面向对象基础知识

9.1.1 面向对象程序设计思想

计算机软件的开发过程就是人们使用各种计算机语言将现实世界映射到计算机世界的过程。而无论多么优秀的软件系统,随着环境和需求的变化都不可能一成不变,都需要对其进行维护和升级。采用面向过程的编程方式编写的软件,在可维护性、易复用、易扩展方面都十分复杂,人们迫切需要一种能够方便、快速地对软件进行维护的编程方式。因此,OOP 的编程思想就应运而生。面向对象程序设计方法尽可能模拟人类的思维方式,使得软件的开发方法与过程尽可能接近人类认识世界、解决现实问题的方法和过程,它将构成问题的各个事务分解成各个对象,并以对象为核心,使用一系列对象构建程序。对象间通过消息传递,来模拟现实世界中不同实体间的联系。在面向对象程序设计中,建立对象的目的是描述一个事务在解决整个问题步骤中的行为,而不是完成一个步骤。OOP 思想较好地实现了软件工程的三个主要目标:重用性、灵活性和扩展性。

面向对象程序设计作为一种新的编程方法,其本质是以建立模型体现出来抽象思维过程和面向对象的方法。模型是用来反映现实世界中事物特征的,但任一个模型都不可能反映客观事物的一切具体特征,它只能是对事物特征和变化规律的一种总体抽象,且在它所涉及的范围内更普遍、更集中、更深刻地描述客体的特征。

9.1.2 面向对象程序设计中的基本概念

在学习面向对象程序设计方法的过程中,必须要掌握以下基本概念:

(1)类(class)。类是具有某些共同特征的实体的集合,在面向对象的程序设计语言中,类是对一类“事物”的属性与行为的抽象,其本质是一种用户自定义数据类型,类似于 int、string 等。

(2)对象(object)。对象是类的实例,其本质就是变量,但这种变量不但包含数据,还包含行为(函数)。

(3)封装。就是把该隐藏的隐藏起来,该暴露的暴露出来。将数据和操作捆绑在一起,定义一个类的过程就是封装。封装使得外部不能直接访问对象的内部信息,而是通过类提供的方法来实现对内部信息的操作和访问,从而提高了数据的安全性。

(4)继承。继承是类与类之间的关系。通过继承,可以共享一个或多个其他类定义的结构和行为,从而解决代码重用问题。被继承的类称为基类、父类或超类(base class、super class),新建的类称为派生类或子类(sub class)。子类可以对父类进行扩展、覆盖、重定义。

(5)多态。是指一类事物的多种形态。在面向对象程序设计中,继承是实现多态的基础。

(6)属性。属性的本质就是类定义的变量,用于描述对象的特征。

(7)方法。方法也称为成员函数,是用来定义类的行为(函数)的,它定义了对一个对象可以执行的操作。

(8)构造函数。是一种成员函数,用来在创建对象时初始化对象,在许多程序设计语言中,构造函数名与类名相同。

(9)析构函数。析构函数与构造函数相反,当对象结束其生命周期时,系统自动执行析构函数,它主要用于完成清理工作,如释放对象所占用的资源。

在面向对象程序设计中,核心概念是类和对象,封装、继承和多态是类的三大基本特征。

9.2　类的定义与使用

9.2.1　类的定义

在 Python 中,使用 class 关键字来创建一个类,其使用方式如下:

```
class <类名>:
    [def __init__(self,[arg1,[arg2],…])]
    成员变量
    成员函数
    [def __del__(self)]
```

类名可以任意命名,但要遵循 Python 标识符的命名规则;__init__是 Python 的构造函数,__del__是析构函数,init 与 del 前后各有两个下画线(_);系统默认提供了一个无参的构造函数;一般情况下构造函数的形参列表与成员变量有关,主要是给对象的成员变量赋值,即初始化成员变量。构造函数在创建对象过程中自动被调用,成员函数需要手动调用。对同一个对象而言,构造函数只能被调用一次,但成员函数可以被多次调用。

【例 9-1】定义一个学生类。

```
class Student:
    sId=''      #学号
    name=''     #姓名
    gender='男'     #性别
    grade=''    #年级
    def speak(self):
        print('我是%s,现在%s 年级了'%(self.name,self.grade))
```

上面的代码定义了一个简单的学生类,该类中主要包括 4 个成员变量(学号、姓名、性别、年级)和一个成员函数。成员变量描述了学生这一类别人群所具有的共有属性,成员函数描述了学生可以进行的行为(此处为简单的自我介绍)。

在 Python 中,类的成员函数必须有一个参数 self,且 self 位于参数列表的第一位。self 代表的是类的实例,也就是对象自身。可以使用 self 引用类的属性和成员函数。创建对象的方法如下:

```
对象名=类名()
```

【例 9-2】定义一个教师类,并创建对象。

```
class Teacher:
    gender='男'     #性别
    age=28
    def __init__(self,name,major):
```

```
        self.name=name
        self.major=major
    def speak(self):
        print('我是%s 老师,今年%d 岁,我的专业是%s '%(self.name,self.age,self.major))
t1=Teacher('李四','计算机')
t2=Teacher('小明','电子')
t1.speak()
t2.speak()
t1.name='王五'
t1.age=30
t1.speak()
```

程序运行结果：

```
我是李四老师,今年 28 岁,我的专业是计算机
我是小明老师,今年 28 岁,我的专业是电子
我是王五老师,今年 30 岁,我的专业是计算机
```

在 Python 中,类的属性可以单独定义(如 age),也可以利用构造函数定义(如 name 和 major),一般在创建对象时需要利用构造函数对对象的属性赋值,这时就将属性定义在构造函数中。

9.2.2 私有变量与方法

类的成员变量与成员函数可以分为公开的(public)和私有的(private)两种类型,公开的变量与方法可以在类外进行访问,而私有的变量与方法只能在对象内部调用。默认情况下,Python 的成员变量与成员函数都是公开的。

(1)_xxx。单下画线开始的成员变量、函数叫作保护变量或保护函数,它可以被类实例和子类实例访问。

(2)_ _xxx。双下画线开始的成员变量、函数叫作私有变量或私有函数,它只能在类的内部访问,类的实例与子类实例都不能直接访问。

(3)_ _xxx_ _。双下画线开始和结束的成员变量或函数,为系统定义的名字,建议用户不要自己定义以双下画线开始和结束的名字。

(4)xx_。为避免与 Python 关键字冲突,可以定义以单下画线结束的变量。

在 Python 内部,用户定义的私有成员会被翻译成_classname_ _xxx 的形式(classname 前面是一个下画线,_ _xxx 是私有变量),因此,Python 的私有成员实际上还是可以在类的外部被访问的,是一种伪私有,其访问方式如下:

私有变量的访问:**实例._类名_ _变量名**

私有方法的访问:**实例._类名_ _方法名**

> **提示:**类名前面是一个下画线,变量名或方法名前面是两个下画线

虽然私有变量可以通过上面的方法访问,但我们强烈建议不要这样做。要访问私有变量,

应该通过类的方法访问。

下面的代码实际上是为对象重新定义了另外一个变量：

```
>>> class People:
    __age=30
>>> p=People
>>> p.__age=40
>>> print(p.__age)
40
```

在上面的代码中，类中定义的私有变量__age 会被转换成_People__age，而执行 p.__age 语句实际上是在对象中定义了另外一个变量__age，这个变量虽然形式上与私有变量相同，但它并没有被转换，与在类中定义的__age 是两个不同的变量。使用 dir(对象名)可以查看对象所有的变量。例如：

```
>>> dir(p)
['_People__age','__age','__class__','__delattr__','__dict__','__dir__','__doc__','__eq__','__format__','__ge__','__getattribute__','__gt__','__hash__','__init__','__init_subclass__','__le__','__lt__','__module__','__ne__','__new__','__reduce__','__reduce_ex__','__repr__','__setattr__','__sizeof__','__str__','__subclasshook__','__weakref__']
```

使用 dir(对象名) 命令后，我们可以看出，对象 p 中有_People__age 和__age 两个变量，前一个是类中定义的私有变量(被转换了)，后一个是执行 p.__age=40 后在对象中添加的新的变量(没有被转换，是公有变量)。

【例 9-3】私有变量的访问。

```
class People(object):
    __name='张三'
    __gender='男'
    __age=28
    def getName(self):
        return self.__name
    def getAge(self):
        return self.__age
    def getGender(self):
        return self.__gender
    def setName(self,name):
        self.__name=name
    def setGender(self,gender):
        self.__gender=gender
    def setAge(self,age):
        self.__age=age
p=People()
p.setName('李四')
print('姓名:%s,性别:%s,年龄:%s '%(p.getName(),p.getGender(),p.getAge()))
```

在本例中,我们通过为每一个私有变量定义一个获取其值和设置其值的函数来实现对私有变量的访问。

设置私有变量,可以有效保护一些数据不被随意修改,而通过函数访问私有变量还可以按照既定的规则为外部提供数据。

9.2.3 对象与属性

在 Python 中,对象有类对象和实例对象之分,属性有类属性和实例属性之分。它们之间的主要区别是创建与调用方式不同。

1. 类对象和实例对象

创建一个类,其实也是在内存中开辟了一块空间,称为类对象。类对象只有一个。类对象的调用形式为:

```
类名().xxx
```

类名后面的括号表明调用的是类对象,如果类名后面没有括号,表明调用的是类。

实例对象就是通过实例化类创建的对象,实例对象可以有多个。实例对象的调用形式为:

```
对象名.xxx
```

2. 类属性和实例属性

类属性:在类里面且在类方法外面定义的变量就是类属性,它可以被所有实例使用,并不单独分配给每个实例,其值在所有实例中是共享的。它相当于类内部的全局变量,也称静态变量。

实例属性:在类的方法里面形如"self. xxx"定义的变量就是实例属性。实例属性和某个具体的实例对象有关系,并且一个实例对象和另外一个实例对象不能共享实例属性。简单地说就是实例属性值只能在自己的对象里面使用,其他的对象不能使用,它相当于局部变量。

类属性在内存中只保存一份,实例属性在每个对象中都保存一份。

在构造类时,如果每个对象都具有相同值的属性,那么就定义为类属性,而若每个对象的属性值不同,就定义为实例属性。如对同一学校的学生来说,学校名称都是相同的,那么学校名称就定义为类属性,而每个学生的姓名都是不同的,就定义为实例属性。

> **提示**:在类方法内部未使用 self 修饰定义的变量只是一个普通的局部变量。

示例:

```
class test:
    data=1      #类属性
    def __init__(self):
        data=2  #局部变量
        self.data =3      #实例属性
if __name__=='__main__':
```

```
    t=test()
    print('类属性的值为:',test.data)
    print('类对象属性的值为:',test().data)
    print('实例属性的值为:',t.data)
```

程序运行结果：

```
类属性的值为:1
类对象属性的值为:3
实例属性的值为:3
```

9.3　类的继承与多态

继承和多态是面向对象程序设计思想的重要机制。类可以继承其他类的内容，包括成员变量和成员函数。从同一个类中继承得到的子类也具有多态性，即相同的函数名在不同的子类中有不同的实现。

9.3.1　继承

通过继承，子类可以获得父类已有的属性和方法，在子类中，相同的代码不需要重写，只需要新增自己特有的属性和方法。

继承可以分为单继承和多继承。单继承是指新建类只有一个父类，多继承是指新建类有多个父类。Python 虽然支持多继承，但我们并不推荐使用多继承，而建议使用单继承，这样可以保证编程思路更清晰，也可以避免不必要的麻烦。

Python 使用如下方式实现单继承：

```
class 类名(父类名):
    成员变量
    成员函数
```

使用如下方式实现多继承：

```
class 类名(父类名1,父类名2,…):
    成员变量
    成员函数
```

【例 9-4】定义类 People，并从该类派生 Teacher 和 Student 类。

```
from datetime import datetime
class People:
    def __init__(self,name,year,mon,day):
        self.name=name
        self.birth=datetime(year,mon,day)
    def walk(self):
        print('%s is walking' %self.name)
```

```
    def getAge(self):
        self.nowYear=datetime.now().year
        if self.nowYear>self.birth.year:
            return self.nowYear - self.birth.year
class Teacher(People):
    def __init__(self,name,year,mon,day,level,salary):
        People.__init__(self,name,year,mon,day)
        self.level=level
        self.salary=salary
class Student(People):
    def __init__(self,name,year,mon,day,class_):
        People.__init__(self,name,year,mon,day)
        self.class_=class_
    def study(self):
        print('%s is studying' %self.name)
t=Teacher('张三',1981,11,11,3,6000)
s=Student('小明',1999,7,1,'大二')
print('{0}老师今年{1}岁了'.format(t.name,t.getAge()))
print('{0}同学今年读{1}了'.format(s.name,s.class_))
```

无论是哪一类人,一般都有姓名、性别、出生日期、年龄等共同的属性,但人的年龄是随着时间的推移而不断发生变化的。因此,更合理地获得年龄数据应该是通过计算得到,而不是每次录入;教师与学生除了都具有"人"的基本属性外,还有自己特有的属性,如教师还有工资、职级,学生有所在年级等。在本例中,我们提取了教师与学生共有的属性和行为,形成了 People 类,Teacher 与 Student 类不但继承了 People 的属性和方法,还根据自身特性进行了扩展,从而使其更加符合实际情况。另外,在本例中,我们需要使用有关日期的函数,因此首先要导入 datetime 类。

9.3.2 多态

多态是指一类事物有多种形态,例如,动物有人、猫、狗等多种形态,序列类型的数据有字符串、列表、元组等多种形态,文件有文本文件、可执行文件等。在面向对象程序设计中,多态性是指在不考虑实例类型的情况下使用实例,或者说是同一种调用方式,有不同的执行效果。例如,具有不同功能的函数可以使用相同的函数名,这样使用同一个函数名就可以产生不同的结果。在类中多态一般表现为,一个方法有多个功能,也就是同一个方法作用于多种类型对象上,产生的结果不同。在 Python 中,多态通过在子类中覆盖方法或重载方法实现。覆盖是指子类中的方法与父类的方法具有相同的方法名和参数列表,而重载是方法名相同,但子类与父类的参数列表不同。目前 Python 不支持方法的重载。

【例 9-5】多态性示例。

```
class Animal:
    weigth=0
    def run(self):
```

```
        print('Animal is running')
class Horse(Animal):
    def run(self):
        print('Horse is running')
classLion(Animal):
    def run(self):
        print('Lion is running')
horse=Horse()
lion=Lion()
horse.run()
lion.run()
```

在本例中,所有类都有 run 方法,但不同类的对象执行 run 方法输出的结果不同,这就是 run 方法的多态性。从上面的代码可以看出,如果 Horse 类和 Lion 类直接继承 Animal 类的 run 方法,那么,执行 horse. run()和 lion. run()都会显示"Animal is running",这不太符合逻辑。因此,在 Horse 与 Lion 类中重写了 run 方法,使得 run 方法运行的结果更加符合逻辑。

提示:当子类中的成员变量或成员函数与父类中的成员变量或成员函数重名时,在代码运行的时候,调用的总是子类的成员变量或成员函数。

9.3.3　抽象类

抽象类是一种特殊的类,它的特殊之处在于只能被继承,不能被实例化。所谓抽象,我们可以简单地理解为,只有属性和方法的定义,没有具体的实现。如果说类是从一堆对象中提取相同的内容而来的,那么抽象类就是从一堆类中抽取相同内容而来的,其内容包括数据属性和函数属性。含有抽象方法的类一定是抽象类,但抽象类不一定含有抽象方法。

在 Python 中,类中只要使用了一次@ abc. abstractmethod(需要导入 abc 模块)我们就认为该类是一个抽象类,而不是以方法是否有方法体(实现部分)作为判定标准。

使用抽象类,可以让每个人关注当前抽象类的方法和描述,而不需要考虑过多的实现细节,这对协同开发有很大意义,也让代码可读性更高。

【例 9-6】定义抽象类,将文本文件和磁盘的读写操作进行统一。

```
import abc
class All_file(metaclass=abc.ABCMeta):
    @abc.abstractmethod      #定义抽象方法,无须实现功能
    def read(self):
        pass
    @abc.abstractmethod
    def write(self):
        pass
class Txt(All_file):
    def read(self):
```

```
        print('文本文件的读取方法')
    def write(self):
        print('文本文件数据的写入方法')
class Disk(All_file):
    def read(self):
        print('磁盘数据的读取方法')
    def write(self):
        print('磁盘数据的写入方法')
a=Txt()
b=Disk()
a.read()
b.read()
```

在本例中,文本文件和磁盘的读写方式实际上是有区别的,但是我们在此处通过抽象类将读和写的名字(read,write)统一了,并在子类中实现了这两个方法。在 Txt 和 Disk 子类中,read 和 write 有不同的实现,也就是多态。

9.4 类的 4 种方法

在 Python 的类中,有 4 种类型的方法:类方法、实例方法、静态方法、普通方法。这 4 种方法在内存中都归属于类,但它们的调用方式不同。总体上看,它们有三种调用形式:

- **类名.方法名()**
- **类名.方法名()**
- **对象名.方法名()**

这三种调用形式适用于不同的应用场景,但 4 种类型的方法并不全部支持上面的三种调用形式。

(1)类方法。指在方法名之前使用装饰器@ classmethod 进行声明的方法,类、类对象和实例对象都可以调用它。类方法的第一个参数必须是当前类对象,该参数一般命名为"cls",它可以传递类的属性和方法,但不能传递实例的属性和方法。类方法的定义形式如下:

```
@classmethod
def cmethod(cls[,para1[,para2[,…]]]):
    <语句块>
```

类方法可以使用"类名.方法名()""类名.方法名()"和"对象名.方法名()"3 种方式调用,并且调用时不需要传入 cls 参数,由 Python 解释器自动完成,也就是实际调用时传入的实参个数比形参个数少一个。

(2)实例方法。指只能由类的实例和类调用,不能被类对象调用的方法。它的第一个参数必须是实例对象,该参数一般命名为"self",它既可传递实例的属性和方法,也可传递类的属性和方法。实例方法的定义形式如下:

```
def f(self[,para1[,para2[,…]]]):
    <语句块>
```

与类方法的调用类似，使用“对象名．方法名()”方式调用时，self 参数也是不需要传入的；但在使用“类名．方法名()”方式调用时，必须传入所有参数，此时 self 参数代表的不是实例对象，而是一个普通的参数。

（3）静态方法。在方法之前使用装饰器@ staticmethod 进行声明的方法就是静态方法。实例对象和类都可以调用它，类对象不能调用。静态方法不需要实例化，参数随意，没有 self 和 cls 参数，但在方法体中不能使用类或实例的任何属性和方法。静态方法主要用来存放与类相关的代码，逻辑上属于类，但其实和类本身的属性、方法等信息又没有什么关系。之所以在类中使用静态方法，最主要的原因是静态方法可以将与类相关的操作进行绑定，不至于将相关代码分散到类外，有利于以后对代码的理解和维护。在静态方法中，不会涉及类中的属性和方法，可以理解为静态方法是个独立的、单纯的函数，它仅仅托管在某个类的名称空间中。静态方法的定义形式如下：

```
@staticmethod
def cmethod([para1[,para2[,…]]]):
    <语句块>
```

（4）普通方法。没有使用任何装饰器修饰的方法就是普通方法。相比静态方法它只是在函数定义前少了一个装饰符。它既不能被类对象调用，也不能被实例对象调用，只能被类调用。其定义形式与普通函数的定义形式一致。

多数情况下，类方法、静态方法和实例方法完全能够满足实际需求，如果没有特殊需要，不建议在类中定义普通方法；同时，也不建议对实例方法使用“类名．函数名()”的调用方法。

下面的代码演示了几种方法的定义与调用：

```
class test:
    data=1      #类属性
    def __init__(self):
        data=2                  #局部变量
        self.data=3             #实例属性
    @classmethod
    def cmethod(cls,x):
        print('类方法:',x)
    @staticmethod
    def smethod(x):
        print('静态方法:',x)
    def omethod(self,x):
        print('实例方法:',x)
    def nmethod(x):
        print('普通方法:',x)
if __name__=='__main__':
    t=test()
    test.cmethod('由类直接调用')
    test().cmethod('由类对象调用')
```

```
t. cmethod('由实例对象调用')
test. smethod('由类直接调用')
test(). smethod('由类对象调用')
t. smethod('由实例对象调用')
test. omethod(100,'由类直接调用,传递了 2 个参数')
test(). omethod('由类对象调用')
t. omethod('由实例对象调用')
test. nmethod('由类直接调用')
```

程序运行结果：

```
类方法:由类直接调用
类方法:由类对象调用
类方法:由实例对象调用
静态方法:由类直接调用
静态方法:由类对象调用
静态方法:由实例对象调用
实例方法:由类直接调用,传递了 2 个参数
实例方法:由类对象调用
实例方法:由实例对象调用
普通方法:由类直接调用
```

【例 9-7】简单定义一个班级类和一个学生类,要求创建学生对象后,班级类能自动实现学生人数的增加。

```
import time
class Class():
    __num=0      #班级人数
    @classmethod
    def addNum(cls):
        cls.__num+=1
    @classmethod
    def getNum(cls):
        return cls.__num
    def __new__(self):          #每实例化一个对象,班级人数就增加
        Class.addNum()
        return super(Class,self).__new__(cls)
    @staticmethod
    def showTime():
        return time.strftime("%H:%M:%S",time.localtime())
class Student(Class):
    def __init__(self):
        self.name=''
a=Student()
b=Student()
```

```
print("班级人数为:",Class.getNum())
print("时间为:",Class.showTime())
```

程序运行结果：

```
班级人数为:2
时间为:16:35:01
```

程序分析：

在本例中，我们定义了一个班级类和一个学生类。如果从学生实例中获得学生人数，在逻辑上显然是不合理的，同时要获得班级总人数，生成一个班级的实例也是没有必要的，并且我们知道每实例化一个 Student，班级的人数就应该增 1。因此，将生成和获得班级人数的方法定义为类方法比较符合逻辑。为了演示，本例中还定义了一个用于显示当前时间的静态方法，这一方法显然与类本身没有任何关系。

__new__()也是 Python 类中内置的一个方法，该方法的调用是发生在__init__()方法之前的。当实例化一个类时，首先调用__new__()方法，这个方法会返回类的一个实例，然后这个实例再来调用__init__()方法(new 里面产生的实例也就是 init 里面的 self)。init 和 new 的主要区别：

①__init__()是在实例对象创建完成后被调用的，常用于初始化一个新实例，比如为对象的属性设置初始值，做一些额外的操作。它是实例级别的方法。

②__new__()是在实例创建之前被调用的，其作用是创建类的实例并返回该实例对象。它是类级别的方法。

③__new__()至少要有一个参数 cls，代表要实例化的类，此参数在实例化时由 Python 解释器自动提供。

④__new__()必须要有返回值，返回实例化出来的实例，这点在实现 new 时要特别注意，可以 return 父类 new 出来的实例，或者直接是 object 的 new 出来的实例。

习 题

一、填空题

1. 面向对象主要有三大特征，分别是封装、________和________。
2. 在 Python 中，使用________关键字定义一个类。
3. 被继承的类称为________。
4. 继承可以分为________和多继承。
5. 面向对象的程序设计方法是以________为核心的。
6. 在 Python 中，类的成员函数的第一个参数必须为________。
7. 同一个方法作用于不同的对象会产生不同的结果，这称为________。
8. 覆盖是指子类中的方法与父类具有相同的方法名和________。
9. 抽象类只能被________，不能被实例化。
10. 抽象类中只有属性和________的定义，而没有具体实现。
11. 类中只要使用了一次________就认为该类是一个抽象类，而不是以是否有方法体作为判定标准的。

12. 类的成员变量可以分为 public 和________两种类型。

13. 在 Python 中,以双下画线开始和结束的变量为________变量。

14. 在 Python 中,可以通过________的方式访问实例的私有变量。

15. 类方法使用装饰器________来进行声明。

二、判断题

1. 在 Python 中,一切内容都是对象。(   )

2. 在 Python 中,构造函数必须为_ _init( )_ _。(   )

3. 析构函数的主要作用是释放资源。(   )

4. 在 Python 中没有严格意义上的私有成员。(   )

5. 在 Python 中,定义类时必须显式地定义构造函数和析构函数。(   )

6. 若在类的方法前面使用@ staticmethod 修饰符,则该方法属于静态方法。(   )

7. 继承、封装、多态都是类的特征。(   )

8. 继承能提高代码的复用性。(   )

9. 封装的本质就是属性私有化的过程,它提高了数据的安全性。(   )

10. 私有属性只能在类内部直接访问,外部不能直接访问。(   )

11. 在 Python 中,抽象类可以被实例化。(   )

12. 抽象类在具体应用中没有实际意义。(   )

13. 类方法和静态方法是属于类的,都不能直接访问属于对象的成员。(   )

14. 在类外部通过对象名调用实例方法时不需要为 self 传递参数。(   )

15. 在 Python 中,方法不能被重载。(   )

三、编程题

编写程序,定义一个 Person 类,包括姓名、性别、身份证号等基本属性及获取这些属性的操作方法;从 Person 类派生 Teacher 和 Student 类,其中,Teacher 类的属性包括单位、职称信息,Student 类的属性包括专业、班级等信息,并实现操作这些属性的方法。

参考答案

第 10 章 正则表达式

学习目标

1. 理解正则表达式的基本概念。
2. 掌握正则表达式元字符的含义。
3. 能够熟练构造正则表达式。
4. 掌握 Python 表达式的用法。
5. 能够利用正则表达式处理常见问题。

知识导图

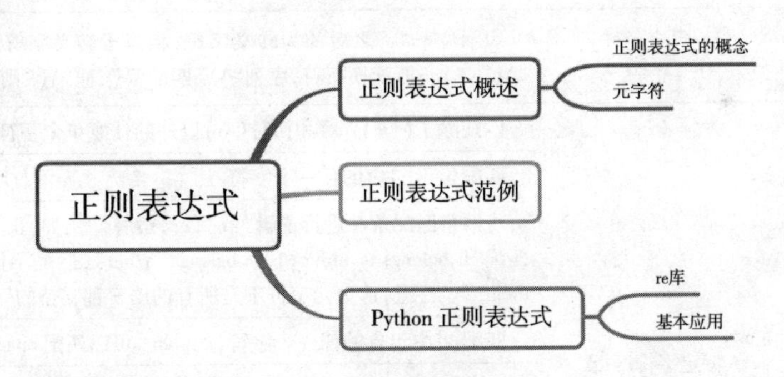

在数据处理过程中,字符串处理是常用的处理对象,但由于字符串中可能会包含各种各样的信息,这些信息的规律也不尽相同,因此要按某种统一的规则提取其中信息的难度很大。正则表达式是一种处理字符串的有力工具,它可以通过构造“模式”来匹配字符串中对应的内容,从而使得提取字符串中的数据变得非常轻松。

10.1 正则表达式概述

正则表达式又称为规则表达式(regular expression),它是对字符串操作的一种逻辑公式,是一种特殊的字符串模式,用于匹配一组字符串。它用事先定义好的特定字符组合组成一个规则字符串(相当于一个字符串模具),用这个规则字符串来匹配符合规则的字符。正则表达式常用于检索、替换符合定义好的规则的文本。

许多程序设计语言都支持用正则表达式处理字符串,在代码中正则表达式通常写成“regex”“regexp”或者“RE”。它具有灵活性、逻辑性和功能强的特点,可以用极其简单的方式达到对字符串的复杂控制。对刚接触的人来讲,由于其是由一堆符号组成的表达式,因此可读性比较差,不容易理解,晦涩难懂。但其实正则表达式中用到的相关字符并不多,了解后会发现不难记,也不难懂。

正则表达式是由普通字符和元字符(特殊字符)组成的。其中,普通字符包括大、小写字母和数字,元字符是具有特殊含义的字符。元字符可以按功能分为转义元字符、特定字符匹配符、重复次数匹配符(限定符)、位置匹配符(定位符)、数字与字母匹配符、空白元字符匹配符、分组、扩展 8 类。表 10-1 给出了 Python 中这些元字符的解释。

表 10-1 元字符表

<table>
<tr><th>元字符</th><th>类别</th><th>描述</th></tr>
<tr><td>\</td><td>转义</td><td>表示位于“\”之后的为转义字符,相当于转义字符。例如,“\\n”匹配“\n”,“\n”匹配换行符,序列“\\”匹配“\”,而“\(”则匹配“(”</td></tr>
<tr><td>. 点</td><td rowspan="8">特定字符匹配</td><td>匹配除了回车(\n)和换行(\r)以外的任意单个字符</td></tr>
<tr><td>[ ]</td><td>匹配位于[ ]中的任一个字符</td></tr>
<tr><td>|</td><td>将两个匹配条件进行逻辑“或”(or)运算。例如,正则表达式(him|her)匹配“it belongs to him”和“it belongs to her”,但是不能匹配“it belongs to them.”。注意:这个元字符不是所有的语言都支持的</td></tr>
<tr><td>[xyz]</td><td>匹配[ ]中包含的任一个字符,如[abc]可以匹配 apache 中的 a</td></tr>
<tr><td>[^xyz]</td><td>匹配[ ]中未包含的任一个字符,如[^abc]可以匹配 apache 中的 phe 的任一字符</td></tr>
<tr><td>[a-z]</td><td>匹配指定范围内的任意字符。“-”为连字符,它只有出现在两个字符之间时,才能表示范围,如果出现在字符组的开头或尾部,只能表示字符本身</td></tr>
<tr><td>[^a-z]</td><td>匹配任何不在指定范围内的任意字符</td></tr>
<tr><td>+</td><td rowspan="6">重复次数匹配</td><td>匹配位于“+”之前的字符或子表达式 1 次或多次</td></tr>
<tr><td>*</td><td>匹配位于“*”之前的字符或子表达式 0 次或多次</td></tr>
<tr><td>?</td><td>匹配位于“?”之前的子表达式 0 次或 1 次</td></tr>
<tr><td>{n}</td><td>n 是非负整数,表示匹配确定的 n 次</td></tr>
<tr><td>{n,}</td><td>n 是非负整数,表示至少匹配 n 次</td></tr>
<tr><td>{n,m}</td><td>n 与 m 均为非负整数,且 n≤m,表示最少匹配 n 次,最多匹配 m 次</td></tr>
</table>

（续）

<table>
<tr><th>元字符</th><th>类别</th><th>描述</th></tr>
<tr><td>^</td><td rowspan="4">位置匹配</td><td>匹配以"^"后面的字符或表达式开头的字符串</td></tr>
<tr><td>$</td><td>匹配以"$"前面的字符或子表达式结束的字符串</td></tr>
<tr><td>\b</td><td>匹配单词头或单词尾</td></tr>
<tr><td>\B</td><td>与\b 相反</td></tr>
<tr><td>\d</td><td rowspan="4">数字与字母匹配</td><td>匹配一个数字字符，等价于[0-9]</td></tr>
<tr><td>\D</td><td>匹配一个非数字字符，等价于[^0-9]</td></tr>
<tr><td>\w</td><td>匹配任何字母、数字及下画线，类似但不等价于[a-zA-Z0-9_]</td></tr>
<tr><td>\W</td><td>与\w 相反，类似但不等价于[^a-zA-Z0-9_]</td></tr>
<tr><td>\f</td><td rowspan="7">空白元字符匹配</td><td>匹配一个换页符，等价于\x0c 和\cL</td></tr>
<tr><td>\n</td><td>匹配一个换行符，等价于\x0a 和\cJ</td></tr>
<tr><td>\r</td><td>匹配一个回车符，等价于\x0d 和\cM</td></tr>
<tr><td>\t</td><td>匹配一个制表符，等价于\x09 和\cI</td></tr>
<tr><td>\v</td><td>匹配一个垂直制表符，等价于\x0b 和\cK</td></tr>
<tr><td>\s</td><td>匹配任何空白字符，包括空格、制表符、换页符等，等价于[\f\n\r\t\v]</td></tr>
<tr><td>\S</td><td>与\s 含义相反</td></tr>
<tr><td>()</td><td>分组</td><td>将"()"中的内容作为一个整体来对待，"()"中的内容是一个子模式(正则表达式)</td></tr>
<tr><td>(? P<groupname>)</td><td rowspan="9">扩展</td><td>为分组(子模式)命名</td></tr>
<tr><td>(? P=groupname)</td><td>引用(? P<groupname>)命名的子模式</td></tr>
<tr><td>(pattern)</td><td>匹配 pattern 并获取这一匹配。所获取的匹配可以从产生的 Matches 集合得到。要匹配圆括号字符，请使用"\("或"\)"</td></tr>
<tr><td>(?:pattern)</td><td>非获取匹配，匹配 pattern 但不获取匹配结果，即不进行存储供以后使用。这在使用或字符"(|)"来组合一个模式的各个部分时很有用。例如，"industr(?:y|ies)"就是一个比"industry|industries"更简略的表达式</td></tr>
<tr><td>(?=pattern)</td><td>非获取匹配，正向肯定预查，在任何匹配 pattern 的字符串开始处匹配查找字符串，该匹配不需要获取供以后使用。例如，"Windows(?=95|98|NT|2000)"匹配"Windows2000"的结果为"Windows"，但匹配"Windows3.1"的结果为 None。pattern 代表的是匹配的字符串后面的内容</td></tr>
<tr><td>(?!pattern)</td><td>非获取匹配，正向否定预查，在任何不匹配 pattern 的字符串开始处匹配查找字符串，该匹配不需要获取供以后使用。例如，"Windows(?! 95|98|NT|2000)"能匹配"Windows3.1"中的"Windows"，但不能匹配"Windows2000"中的"Windows"</td></tr>
<tr><td>(? <=pattern)</td><td>非获取匹配，反向肯定预查，与正向肯定预查类似，只是方向相反。例如，"(? <=95|98|NT|2000)Windows"能匹配"2000Windows"中的"Windows"，但不能匹配"3.1Windows"中的"Windows"</td></tr>
<tr><td>(? <!pattern)</td><td>非获取匹配，反向否定预查，与正向否定预查类似，只是方向相反。例如，"(? <! 95|98|NT|2000)Windows"能匹配"3.1Windows"中的"Windows"，但不能匹配"2000Windows"中的"Windows"</td></tr>
<tr><td>(? (name)pat1|pat2)</td><td>判定制定组是否已匹配，执行相应规则</td></tr>
</table>

正则表达式与 ASCII 字符之间可能会产生冲突,如正则表达式\b 表示匹配单词边界,而\b在 ASCII 字符中表示退格,若正则表达式要匹配退格就要使用双重转义\\b。因此,为了减少过多的转义,就引入了原始字符串(raw string)的技术。它是在字符串前加上字符 r 或 R 表示这是一个原始字符串,其形式如 r 'hello\n '。需要注意的是,r 只对单引号或双引号内反斜杠起作用,如下所示:

```
>>> print('hello\n')
hello
>>> print(r'hello\n')
hello\n
```

从上面的程序可以看出字符串前加了 r 后会原样输出,\n 并不会被转义,这种使用形式会经常在正则表达式中使用。

10.2 正则表达式范例

正则表达式的组成形式多种多样,初学者很难一下子全部记住并熟练应用,建议在了解基本语法的基础上,再逐步练习使用。下面列出了一些常用的正则表达式的写法,仅供参考。

(1)最基本、最简单的正则表达式就是普通的字符串,只能匹配自身。

(2)表达式:'^Py ',表示所有以' Py '开始的字符串。

(3)表达式:' Py $ ',表示所有以' Py '结束的字符串。

(4)表达式:'^. {5} $',表示任意 5 个字符的字符串(长度为 5)。

(5)表达式:'^Py $',表示所有以 Py 开始和结尾的字符串。

(6)表达式:'[PJC]ython ',它可以匹配到' Python '、' Jython '、' Cython '。

(7)表达式:'[0-9]',可以匹配到任一个数字。

(8)表达式:'[a-z]',可以匹配到任一个小写字母。

(9)表达式:'[^a-z]',可以匹配到除小写字母外的字符。

(10)表达式:'[^abc]',可以匹配到小写字母 a、b、c 之外的字符。

(11)表达式:'[a-zA-Z0-9]',可以匹配到一个任意大小写字母或数字。

(12)表达式:'[^a-zA-Z0-9]', 可以匹配到一个任意大小写字母或数字之外的字符。

(13)表达式:' Python|Perl '或' P(ython|erl)',可以匹配到' Python '或' Perl '。

(14)表达式:'^https ',只能匹配到所有以' https '开头的字符串。

(15)表达式:r '(https://)? (www\.)? baidu\. cn ',只能匹配到' https://www. baidu. cn '、' https://baidu. cn '、' www. baidu. cn '、' baidu. cn '。

(16)表达式:'(a|b) * c ',匹配字母 c 之前有多个(含 0 个)a 或 b 的字符串。

(17)表达式:' ab{1,}'或' ab+',匹配以字母 a 开头、后面紧跟一个或多个字母 b 的字符串。

(18)表达式:'^[A-Z]{1}([a-zA-Z0-9_]){3,9} $',匹配以大写字母开头,其后面可带大小写字母、数字或下画线,且长度为 4~10 的字符串。

(19)表达式:'^(\w){4,9} $',可以匹配长度为 5~10,包括字母、数字和下画线。

(20)表达式:r"^((25[0-5]|2[0-4]\d|[01]? \d\d?)\.){3}(25[0-5]|2[0-4]\d|

[01]?\d\d?)$",检查给定的字符串是否为合法的 IPv4 地址。

(21)表达式:r"^[1-6]\d{5}[12]\d{3}(0[1-9]|1[12])(0[1-9]|1[0-9]|2[0-9]|3[01])\d{3}(\d|X|x)$",可以检查字符串是否为合法的 18 位身份证号。

(22)表达式:r'\w+@[0-9a-zA-Z]+\.[com,edu,cn]{1,3}',可以检查电子邮件地址的有效性。

(23)表达式:'((?P<f>\b\w+\b)\s+(?P=f))',可以检查连续出现两次的单词。

(24)表达式:'<?P<f>.)(?P=f)<?P<g>.)(?P=g))',可以匹配 AABB 形式的词语或字符组合。

(25)表达式:'^(\-)?\d+(\.\d{1,2})?$',可以检查给定的字符串是否为最多带有 2 位小数的整数或复数。

说明:正则表达式是对字符串进行形式上的检查,并不能保证内容的正确性,只能做到尽力检查内容的正确性。例如,正则表达式'^\d{18}|\d{15}$'可以检测一个字符串的长度是否为 18 位或 15 位,可以用于身份证号的简单检测,但要尽力检查身份证号是否正确,则需要使用正则表达式(r"^[1-6]\d{5}[12]\d{3}(0[1-9]|1[12])(0[1-9]|1\d|2\d|3[01])\d{3}(\d|X|x)$")这样的形式。也就是说,要检查内容的正确性,首先要对样本字符串的构成规则进行分析,然后再根据分析的结果构造正则表达式,才有可能尽力检查字符串内容的正确性。

10.3　Python 正则表达式

在 Python 中有一个内置的正则表达式库 re,它提供了所有正则表达式的功能,在程序中使用 re 的各项功能时需要先使用 import 将 re 库导入。

10.3.1　re 库方法

re 库正则表达式方法如表 10-2 所示。

表 10-2　re 库正则表达式方法

方法	描述
re.compile(pat[,flags])	创建模式(正则表达式)对象
re.match(pat,string[,flags])	在字符串开始处匹配 pat,返回 match 对象或 None
re.fullmatch(pat,string,flags=0)	尝试将 pat 作用于整个字符串,返回 match 对象或 None
re.search(pat,string[,flags])	在整个字符串中匹配 pat,返回 match 对象或 None
re.findall(pat,string[,flags])	以列表类型返回所有匹配到的字符串
re.finditer(pat,string,flags=0)	返回一个匹配结果的迭代类型,每个迭代元素都是 match 对象
re.split(pat,string[,maxsplit=0][flags=0])	将字符串按照 pat 匹配结果进行分割,返回列表类型
re.sub(pat,repl,string[,count=0][,flags=0])	将字符串中所有匹配 pat 的子串进行替换,并返回替换后的字符串;repl 为替换字符串,count 为匹配的最大替换次数(为 0 表示不限次数)

（续）

方法	描述
re.escape(string)	将字符串中所有特殊正则表达式字符转义
re.purge()	清空正则表达式缓存

re 库有两种使用方法：一种是先用 re.compile() 方法将正则表达式(模式)编译为一个 pattern 对象，然后再调用 pattern 的一系列方法对字符串进行匹配；另一种是直接使用 re.XX() 方式来进行匹配。

flags 参数也称正则表达式修饰符或可选标志，用于控制表达式的匹配方式，例如，区分大小写、多行匹配、匹配任何字符等，其取值范围如表 10-3 所示。

表 10-3　flags 取值范围

修饰符	描述
re.I	使匹配对大小写不敏感
re.L	做本地化识别(locale-aware)匹配
re.M	多行匹配，影响"^"和"$"
re.S	使"."匹配包括换行在内的所有字符
re.U	根据 Unicode 字符集解析字符。这个标志影响\w、\W、\b、\B
re.X	该标志通过给予更灵活的格式以便将正则表达式写得更易于理解

match() 和 search() 方法返回的是一个 match 对象，该对象主要的方法有 group()、groups()、groupdict()、start()、end()、span() 等。其中，group() 返回匹配的一个或多个子模式内容；groups() 返回一个包含匹配的所有子模式内容的元组；groupdict() 以字典形式返回分组名及结果；start() 返回匹配模式内容的起始位置；end() 返回匹配模式内容结束位置的前一个位置；span() 返回一个包含指定子模式内容起始位置和结束位置前一个位置的元组。

正则表达式的匹配可以分为"贪心"模式和"非贪心"模式。"贪心"模式匹配尽可能长的字符串，而"非贪心"模式则匹配尽可能短的字符串。在默认情况下，匹配采用的是"贪心"模式，而使用元字符"?"后则会将"贪心"模式改为"非贪心"模式。例如，在字符串"AAAAA"中，采用正则表达式'A+'执行的是"贪心"模式，会匹配到"AAAAA"，而采用正则表达式'A+?'，则执行的是"非贪心"模式，只能匹配到'A'。

10.3.2　正则表达式的基本应用

1. 单词边界的匹配

'\b'匹配一个单词的边界(单词的边界可以是空格、标点符号等)，它匹配的字符串不包括分界字符，而如果用'\s'来匹配的话，则匹配到的结果中会包括分界符。例如：

```
>>> s='abcd bcde bc.bcde'
>>> re.findall(r'\bbc\b',s)
['bc']
```

在上面的代码中,要匹配的是一个单独的单词'bc',而当'bc'是其他单词的一部分时不满足匹配条件,因此得到的结果为['bc']。

```
>>> s='abcd bcde bc. bcde'
>>> re.findall(r'\sbc\.',s)
['bc.']
```

在上面的代码中,我们使用'\s'和'\.'对两个单词的边界进行匹配'bc',而得到的结果['bc.']中包括了单词的边界符号"空格"和"点"。

'\B'与'\b'相反,它只匹配非边界字符。例如:

```
>>> s='abcdf bcde bc. hbcdea'
>>> re.findall(r'\Bbc\w+',s)
['bcdf','bcdea']
```

上面的代码匹配的是包含'bc',但不以'bc'开头的单词,因此匹配成功的是'abcdf'和'hbcdea',而不是其他的单词。

2. 分组"()"

如果在正则表达式里面使用了分组功能,那么匹配的结果(即返回的结果)就是括号里面的内容,并且结果是一个分组(group)。例如:

```
>>> s='abbbaddbba'
>>> re.search(r'a((a+)|(b+)|(d+))',s).groups()
('bbb',None,'bbb',None)
>>> re.match(r'a((a+)|(b+)|(d+))',s).groups()
('bbb',None,'bbb',None)
>>> re.findall(r'a((a+)|(b+)|(d+))',s)
[('bbb','','bbb',''),('dd','','','dd')]
```

使用分组时,若有多个分组,会从左到右依次进行匹配。Python对分组进行了编号,第一个括号的编号为1,第二个为2,依此类推。需要注意的是,有一个编号为0的隐含全局分组,它代表整个正则表达式。

从上面的代码我们可以看出:

对search()和match()方法而言,1号分组是((a+)|(b+)|(d+)),它的返回值是'bbb';2号分组是(a+),它的返回值是空;3号分组是(b+),它的返回值也是'bbb'(因为b+中的b也在括号里面,所以返回的也是3个b);4号分组是(d+),它的返回值也为空。

对findall()方法而言,第一次匹配成功后,它还会继续向后匹配,由于后续的字符串还有'add'与正则表达式相匹配,因此会得到第二个匹配结果,其匹配过程与前面类似。

说明:match()与search()方法一旦匹配成功,不管字符串后面是否还有可能匹配成功的字符串,都会停止匹配,即只匹配1次;而findall()方法则不然,当第一次匹配成功后,它依然会继续向后匹配,直到扫描完整个字符串,即匹配多次。因此,在上面的代码中,findall()方法返回的匹配结果包括两组数据,而search()和match()方法只包含一组数据。

3. 无捕获组"(?:)"

无捕获的意思就是不返回匹配到的结果,在(?:)中也就是不返回括号中匹配成功的内

容,与直接使用分组刚好相反。例如:

```
>>> s='I have a book,I have a pen'
>>> re.findall('I have a (book|pen)',s)
['book','pen']
>>> re.findall('I have a (?:book|pen)',s)
['I have a book','I have a pen']
```

从上面的代码可以看出,使用“(?:)”与使用“()”会得到两种不同的结果。

4.“(?<=…)”与“(?=…)”

“(?<=…)”与“(?=…)”也都是非捕获匹配。“(?<=…)”称为前向界定,“…”代表需要匹配的字符串前面的字符串;“(?=…)”称为后向界定,“…”代表需要匹配的字符串后面的字符串。例如,r'(?<=/*).+(?=*/)'表示匹配用“/*”和“*/”括起来的字符串,即

```
>>> s='/*注释语句1*/'
>>> re.findall(r'(?<=/\*).+(?=\*/)',s)
['注释语句1']
```

需要注意的是,在前向界定中括号中表达式的值必须是一个常值,也就是括号中的表达式中不能包含“+”“*”“?”“{m,n}”等,如执行 re.findall(r'(?<=[a-zA-Z]+)\d+(?=[a-zA-Z])'),其本意是找到被字母夹在中间的数字,但因为在前向界定中包含了“+”,因此会产生“look-behind requires fixed-width pattern”错误提示信息。

5.“(?P<name>)”“(?P=name)”与“\number”

“(?P<name>)”表示对分组进行命名,“(?P=name)”是对已命名分组的调用,“\number”是通过分组的编号调用分组(number 是个正整数),作用与“(?P=name)”类似。

使用命名分组可以有效解决由于分组编号发生变化而带来的问题,例如,原来有 3 个分组,现在第二个分组前面又增加了一个分组,那么使用'\2'调用分组就需要改成'\3',而使用命名分组就能避免这样的问题。

```
>>> s='sss111sss,aaa22bb'
>>> re.findall(r'([a-zA-Z]+)\d+([a-zA-Z]+)',s)
[('sss','sss'),('aaa','bb')]
```

上面代码的作用是找出中间夹有数字的字母。

```
>>> s='sss111sss,aaa22bb'
>>> re.findall(r'([a-zA-Z]+)\d+\1',s)
['sss']
>>> re.findall(r'(?P<f1>[a-zA-Z]+)\d+(?P=f1)',s)
['sss']
```

上面的代码采用了'\number'和命名分组的形式,但正则表达式的作用也发生了变化,它的作用是找出中间夹有数字,且数字前后字母相同的字母。

6. (?(name)pattern1|pattern2)

(?(name)pattern1|pattern2)是 Python 2.4 以后增加的新功能,其含义是如果 name 指定的组在前面匹配成功了,就执行 pattern1 的正则表达式,否则执行 pattern2 的正则表达式。它实际上相当于进行了一个条件判断。例如:

```
s='<use1@mail1.com>user2@maill2.com'
>>> re.findall(r'(<)?(\w+@\w+(?:\.\w+)+)(?(1)>|$)',s)
[('<','use1@mail1.com'),('','user2@maill2.com')]
```

上面的代码是一个 e-mail 样式匹配,将匹配<user@host.com>或 user@host.com,但不会匹配<user@host.com 或 user@host.com>。

10.4　re 库使用范例

【例 10-1】检查一个 IP 地址是否为合法的 IPv4 地址。

问题分析:

IPv4 地址形式为 X.X.X.X,其中,X 的取值范围为 0~255,由此我们知道,X 最多由 3 个数字组成,最少由 1 个数字组成,且第 1 位数只能为 0~2,第 2 位数只能为 0~5,第 3 位数只能为 0~9,根据这些规则,我们可以将它分为 3 部分来匹配,即 0~199、200~249、250~255,由此我们可以构造 3 个正则表达式:

(1)[01]?\d\d,对应 0~199。[01]表示第 1 位数既可以是 0 也可以是 1,? 表示可以匹配 0 次或 1 次,第 1 个和第 2 个\d 表示第 2 个数字可以是 0~9 的任一个数。

(2)2[0-4]\d,对应 200~249。开头的 2 表示最高位数为 2,[0-4]表示第 2 位数的取值范围为 0~4,第 3 位数为\d,即取值范围为 0~9。

(3)25[0-5],对应 250~255。开头的 25 表示第 1 位数为 2,第 2 位数为 5,第 3 位数取值范围为 0~5。

三部分组合起来就是 25[0-5]|2[0-4]\d|[01]? \d\d,但这还不够,它只能表示一个 X,要形成合法的 IP 地址,前 3 个 X 之后还有一个点(.),第 4 个 X 后没有点。

根据以上分析,我们可以构造出如下完整的正则表达式:

"^((25[0-5]|2[0-4]\d|[01]?\d\d?)\.){3}(25[0-5]|2[0-4]\d|[01]?\d\d?)$"

程序代码:

```
import re
ip=input('请输入一个 IP 地址:')
pattern=r"^((25[0-5]|2[0-4]\d|[01]?\d\d?)\.){3}(25[0-5]|2[0-4]\d|[01]?\d\d?)$"
result=re.match(pattern,ip)
if result:
    print ("{}是合法的 IP 地址".format(result.group()))
else:
    print ("{}是不合法 IP 地址".format(ip))
```

连续运行两次程序,运行结果为:

```
请输入一个 IP 地址:192.168.172.3
192.168.172.3 是合法的 IP 地址
请输入一个 IP 地址:192.168.16.257
192.168.16.257 是不合法 IP 地址
```

【例 10-2】检测字符串中是否有连续出现两次的单词。

问题分析:

字符串中重复出现的单词有可能是输入错误造成的,当然也可能是确实需要的。此处我们不考虑单词重复出现的正确性,只是进行检测。在英文中单词与单词之间是用空白符或标点符号分割的,以标点符号分割的单词我们认为它不是连续出现的重复单词,因此用正则表达式表示一个单词可以用如下表达式:

\b\w+\b\s+'

第 1 个\b 表示一个单词的开始,第 2 个\b 表示单词的尾,\s 表示单词后面的空白字符,及单词的分割符。由此我们可以构造出连续出现 2 次的单词正则表达式为:

'\b\w+\b\s+\b\w+\b\s+'

为便于简化,我们将其分组并为分组进行命名,从而形成如下正则表达式:

'(?P<f>\b\w+\b)\s+(?P=f)'

使用命名分组的优势是显而易见的,它就像一个变量名一样,一旦定义好了,可以反复使用相同的子模式,而不用重复构造子模式。

程序代码:

```
import re
s=input('请输入一个字符串:')
pattern=r'(?P<f>\b\w+\b)\s+(?P=f)'
pat=re.compile(pattern)
result=pat.search(s)
if result:
    print (f"{result.group()}重复")
else:
    print ("无重复")
```

程序运行结果:

```
请输入一个字符串:this is is a dog
is is 重复
```

提示:re.match()方法只是在字符串的开始位置进行匹配,如果不是在开始位置匹配成功,返回的是 None;而 re.search()则在整个字符串中进行匹配。因此,在本例使用 re.match()方法不能得到正确的结果。

【例 10-3】删除中英文混排字符串中所有汉字间的空格,并生成一个新的字符串。

问题分析:

我们知道,汉字中的空格实际上是没有意义的,其存在的唯一理由可能就是排版的需要。但对于检索汉字数据而言,由于空格的存在可能会无法检索到想要的结果,如“张　三”和“张三”这两个字符串,一是我们可能不知道“张”和“三”之间到底有几个空格,二是我们检索“张三”时如果对检索算法不进行优化,就无法得到正确的结果。要知道,空格字符不完全等于空白字符(空白字符包括空格,也包括制表符、换页符、回车换行符等其他字符),因此,在处理空格的时候建议不要直接使用\s。在本例中,由于是中英文混排,因此在构造正则表达式的时候要考虑能正确识别汉字,不能将英文中的空格也删除,但英文单词之间只留一个空格。在 Unicode 中常用汉字的编码范围为 4e00~9fa5。每个汉字前或后的空格都应删除,我们可以构造以下两个正则表达式进行匹配:

```
"(?<=[\u4e00-\u9fa5])[ ]+"    #检查汉字后的空格
"[ ]+(?=[\u4e00-\u9fa5])"    #检查汉字前的空格
```

此处,我们使用了?<=和?=,这是因为我们要使用 re.sub()方法,而在此方法中我们不需要匹配成功后返回的内容。

另外,我们还要删除字符串首位的空格并且只保留英文单词间的一个空格。删除字符串首尾空格的正则表达式如下:

```
"^[ ]+|[ ]*$"    #检查字符串首尾空格
"(?<= )[ ]{2,}"    #检查一个空格后是否有 2 个以上空格
```

根据以上分析我们可以使用“|”将上面的各正则表达式组合成一个表达式:

```
r"(?<=[\u4e00-\u9fa5])[ ]+|[ ]+(?=[\u4e00-\u9fa5])|^[ ]+|[ ]*$|(?<=\.)[ ]{2,}|(?<= )[ ]{2,}"
```

由以上分析,可以得到如下程序代码:

```
import re
source=input('请输入字符串:')
pattern=r"(?<=[\u4e00-\u9fa5])[ ]+|[ ]+(?=[\u4e00-\u9fa5])|^[ ]+|[ ]*$|(?<=\.)[ ]{2,}|(?<= )[ ]{2,}"
pat=re.compile(pattern)
temp=pat.sub('',source);
print(temp);
```

程序运行结果:

```
请输入字符串:    你好   吗 Python.    hello Python.
你好吗 Python. hello Python.
```

【例 10-4】提取字符串中所有的单词。

问题分析:

提取字符串中的单词有多种方法,本例中我们使用 re.split()方法来对字符串进行分割。string.split()方法只能使用单字符进行分割,而 re.split()可以同时使用多个字符进行分割。我们知道,在英文中,单词与单词间是用空格或其他的标点符号进行区分的,因此,我们可以构造出如下正则表达式:r'\.+|!+|\?+|\s+' 或 r'[.?!]'。

程序代码：

```
import re
s=input('请输入字符串:')
pattern=r'\.+|! +|\s+'
pat=re.compile(pattern)
result=pat.split(s)
print(result)
```

程序运行结果：

```
请输入字符串:This is a book. Very good!
['This','is','a','book','Very','good','']
```

习　题

一、填空题

1. 下面语句的输出结果为________。

print(re.match('123','456'))

2. 下面语句的输出结果为________。

print(re.match('123','321'))

3. 下面语句的输出结果为________。

print(re.findall('^[a-zA-Z]+','abcDEF123'))

4. 下面语句的输出结果为________。

print(re.match('^[a-zA-Z]+$','abcDEF123'))

5. 下面语句的输出结果为________。

re.sub(r'\d+','1','45315abcd987e')

6. 下面语句的输出结果为________。

print(re.split('\d+','a234b123c'))

7. 下面语句的输出结果为________。

print(re.findall(r'[a-zA-Z]{3}','123abc3abcd'))

8. 下面语句的输出结果为________。

print(re.search(r'[a-zA-Z]{3}','123abc3abcd').group())

9. 下面语句的输出结果为________。

print(re.findall(r'\bl.+?\b','little than small'))

10. 下面语句的输出结果为________。

print(re.findall(r'\bl.+\b','little than small'))

二、判断题

1. re.match()方法是在字符串的开始位置匹配正则表达式，而 re.search()是在整个字符串中匹配，如果匹配成功，它们的返回值都是 Match 对象，如果匹配失败则返回空值 None。(　　)

2. 使用 re.compile()方法编译正则表达式后,re.match()和 re.search()方法都可以指定匹配的开始位置和结束位置。(　　)

3. re.findall()方法的返回值类型是元组。(　　)

4. 元字符"^"表示匹配以"^"后面字符串或模式结束的字符串。(　　)

5. 元字符"$"表示匹配以"$"前面字符串或模式开始的字符串。(　　)

6. 元字符"+"表示匹配位于"+"之前的字符或子模式的1次或多次出现。(　　)

7. 元字符"*"表示匹配位于"*"之前的字符或子模式的0次或多次出现。(　　)

8. 元字符"."表示匹配除换行符以外的任意单个字符。(　　)

9. "\w"表示匹配任何字符。(　　)

10. "\s"表示匹配任何空白字符的多次出现。(　　)

11. 当字符"?"紧随其他限定符之后时,表示采用非贪心模式进行匹配。(　　)

12. "[^abcd]"匹配的是以'abcd'开始的字符串。(　　)

13. "{m,n}"限定符中的m可以大于n。(　　)

14. "[]"表示匹配位于[]中的任一个字符。(　　)

15. "\W"与"[^a-zA-Z0-9_]"等效。(　　)

三、编程题

1. 编写程序,使用正则表达式分别统计一个字符串中汉字、英文单词的个数。

2. 编写程序,使用正则表达式提取字符串中的超链接。

3. 编写程序,使用正则表达式提取字符串中的固定电话号码。

参考答案

第 11 章 Python 计算生态

学习目标

1. 了解 Python 主要第三方库名称及用途。
2. 掌握标准库 turtle、random、time 的使用。
3. 掌握基本的 Python 内置函数。
4. 掌握第三方库的获取和安装。
5. 掌握第三方库 jieba、wordcloud 的使用。

知识导图

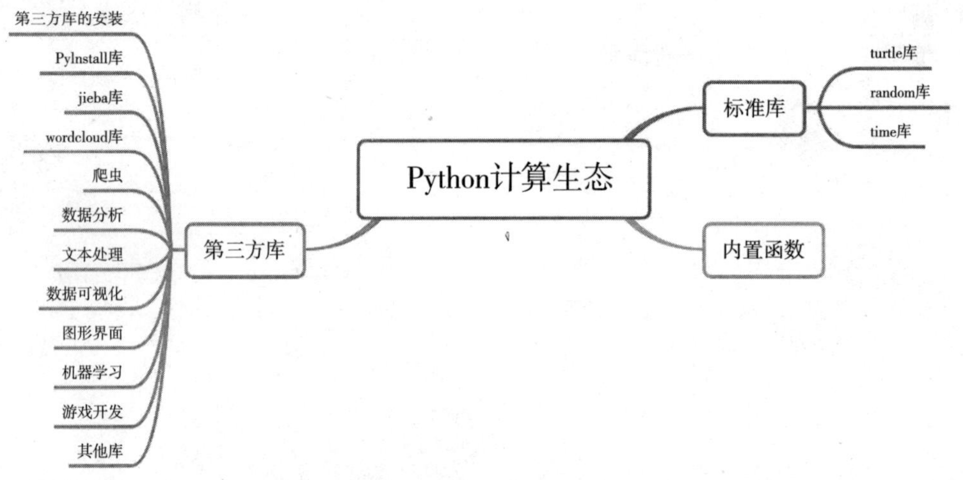

编程的目的是快速解决问题，通过前面的学习我们知道，编程实际上是一个算法设计与实现的过程。而编程技术发展到现在，对众多已知问题的算法已经在各种高级程序设计语言中完全实现并经过了长时间的稳定运行。那么有没有一种语言能够直接使用已经实现的算法呢？如果能够做到这一点，则编程将不再是一件困难的事情，编程的起点也不再是算法而是系统。Python 语言经过多年的发展，已成为当前最流行的高级程序设计语言之一，拥有大量而丰富的第三方库可以使用，已经基本形成了 Python 的计算生态，用户不必再为设计算法、实现算法而烦恼。

本章我们将介绍 Python 中常用的标准库与第三方库。

11.1　标准库

在 Python 中,一部分函数库随 Python 安装包一起发布,不需要再单独安装,用户可以随时使用,这部分库被称为 Python 标准库。

11.1.1　turtle 库

turtle(海龟)是 Python 重要的标准库之一,它是一个绘图函数库,它主要依据坐标来绘制图像,画笔的形状是一只小海龟。turtle 最早来自 LOGO 语言,是专门用于小孩学习编程的,由于其绘图概念简单直观,并且十分流行,因此 Python 就接受了这个概念,形成了 turtle 库,并成为标准库之一。

使用 turtle 绘图需要掌握三个方面的知识:画布、画笔、绘图命令。

(1)画布。画布就是用于绘画的区域。在 turtle 中,我们可以设置画布的初始大小和画笔(小海龟)的起始位置。

screensize()函数用于设置画布的大小,其使用方式如下:

```
turtle. screensize(canvwidth=None,canvheight=None,bg=None)
```

其中,canvwidth 表示画布的宽度,canvheight 表示画布的高度,bg 表示背景颜色,宽度与高度均以像素为单位。

另外,还可以使用 setup 函数以画布所占屏幕比例来设置画布大小,其使用方式如下:

```
turtle. setup(width=0. 5,height=0. 75,startx=None,starty=None)
```

其中,width 表示画布所占屏幕宽度的比例,默认为 0.5,height 为画布所占屏幕高度的比例,默认为 0.75,startx 和 starty 为起始横坐标与纵坐标。

(2)画笔主要包括画笔状态和画笔属性两方面。画笔的状态就是小海龟(画笔)当前所处的位置方向;画笔的属性主要有画笔的颜色、线条的宽度、画笔的移动速度等。

turtle. pensize()函数用于以像素为单位设置画笔的宽度。

turtle. pencolor()函数,当没有参数时,返回当前画笔的颜色,当传入参数时,设置画笔的颜色,参数可以是"green"、"red"等字符串,也可以是 RGB 代码。

turtle. speed()函数用来设置画笔的移动速度,数值范围为 0~9,0 最快,1~9 数值越大,速度越快。

(3)绘图命令主要有画笔的运动命令、画笔控制命令、全局控制命令和其他命令。表 11-1 给出了 turtle 的常用命令。

表 11-1　turtle 常用命令

函数/命令	说明	类别
turtle. forward(distance)	向当前画笔方向移动 distance 像素长度	运动命令
turtle. backward(distance)	向当前画笔反方向移动 distance 像素长度	
turtle. right(degree)	顺时针移动 degree 度	
turtle. left(degree)	逆时针移动 degree 度	

（续）

函数/命令	说明	类别
turtle. pendown( )	放下笔触,移动时绘制图像	运动命令
turtle. penup( )	提起笔触,移动时不绘制图像	
turtle. circle(radius, extent = None, steps = None)	以给定的 radius 为半径画圆, extent 为弧度, steps 为圆的内切多边形的边数	
turtle. goto(x,y)	移动画笔到坐标点(x,y)	
turtle. dot(size = None, * color)	绘制半径为 size,用 color 颜色填充的圆点	
turtle. setx(x)	将当前 x 轴移动到指定位置	
turtle. sety(y)	将当前 y 轴移动到指定位置	
turtle. setheading(angle)	设置海龟朝向, angle 为角度,角度指逆时针,但不行进	
turtle. seth(angle)	同 setheading( )	
turtle. home( )	设置当前位置为原点,方向为 x 轴正方向	
turtle. fillcolor(color)	返回或设置绘制图像的填充颜色	控制命令
turtle. color(color1, color2)	返回或设置画笔颜色和填充颜色	
turtle. filling( )	返回当前是否为填充状态	
turtle. begin_fill( )	准备开始填充图像	
turtle. end_fill( )	完成填充	
turtle. hideturtle( )	隐藏画笔的 turtle 形状	
turtle. showturtle( )	显示画笔的 turtle 形状	
turtle. clear( )	清空 turtle 窗口,但 turtle 的位置和状态不变	全局命令
turtle. reset( )	清空窗口,重置 turtle 为起始状态	
turtle. undo( )	撤销上一个 turtle 动作	
turtle. isvisible( )	返回当前 turtle 是否可见	
turtle. stamp( )	复制当前图形	
turtle. write(string[,font = (" font_name, font_size, " font_type)])	写文本, string 为文本内容	
turtle. mainloop( )或 turtle. done	启动事件循环,必须是最后一句	其他命令
turtle. mode(mode = None)	返回或设置海龟模式(“standard”“logo”或“world”)并重置	
turtle. delay(delay = None)	设置或返回绘图延迟,单位为毫秒(ms)	
turtle. begin_poly( )	开始记录多边形的顶点	
turtle. end_poly( )	停止记录多边形的顶点	
turtle. get_poly( )	返回最后记录的多边形	

【例 11-1】使用 turtle 模块绘制一个等边三角形。

程序代码:

```
import turtle as t
for i in range(3):
```

```
t.setheading(i * 120)      #改变海龟的行进方向
t.forward(100)             #沿着海龟的方向运动 100 像素
```

程序运行结果：

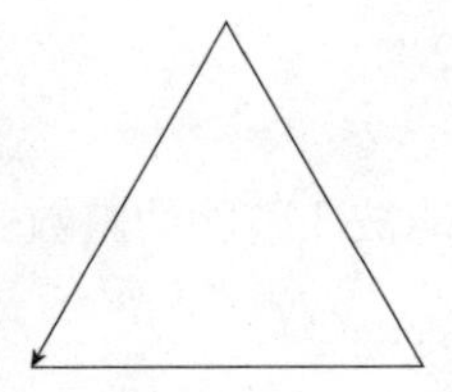

11.1.2　random 库

随机数在计算机中的应用十分常见，其重要特性是后面生成的数与前面的数毫无关系。在计算机中只能生成“伪随机数”，不能生成绝对随机的随机数（真随机数）。真随机数是根据绝对随机事件产生的数，也就是说要求有一个无因果关系的随机事件，而这在计算机中基本上是不存在的。Python 提供了 random 库用于产生各种分布的伪随机数序列。这个库提供了不同类型的随机函数，其中最基本的函数是 random.random()，它生成一个[0.0,1.0)的随机小数，所有其他的随机函数都是基于这个函数扩展而来的。表 11-2 给出了 random 库常用的随机数生成函数。

表 11-2　random 库常用的随机数生成函数

函数	描述
seed(a=None)	设置随机数种子，默认为当前系统时间
random()	随机生成一个[0.0,1.0)的小数(不包括 1.0)
randint(a,b)	随机生成一个[a,b]的整数
getrandbits(k)	生成一个 k 比特长度的随机整数
randrange(start,stop[,step])	生成一个[start,stop)以 step 为步长的随机整数
uniform(a,b)	生成一个[a,b]的随机小数
choice(seq)	从序列类型中随机返回一个元素
shuffle(seq)	将序列类型中的元素随机排列，并返回排列结果
sample(pop,k)	从 pop 类型中随机选取 k 个元素，以列表类型返回

随机数的生成基于随机数“种子”，种子不同得到的随机数也不同。设置随机数种子的好处是可以复现随机数序列，用于重复程序的运行轨迹。对于不需要复现的情形一般不需要设置种子，默认情况下 Python 以当前系统时间为种子产生随机数。

示例：

（1）随机生成 5 个[0.0,1.0)的小数，小数位保留 2 位：

```
>>> [round(random.random(),2) for i in range(5)]
[0.81,1.0,0.44,0.04,0.36]
```

（2）随机生成 5 个[10,100]的整数：

```
>>> [random.randint(10,100) for _ in range(5)]
[48,39,27,53,100]
```

(3)随机生成 1 个 4 比特长度的整数：

```
>>> random.getrandbits(4)
6
```

(4)在[30,200]中随机生成 5 个能被 3 整除的整数：

```
[random.randrange(30,200,2) for _ in range(5)]
[84,60,50,110,172]
```

(5)随机生成 5 个[5,10]的浮点数,小数位保留 3 位：

```
>>> [round(random.uniform(5,10),3) for _ in range(5)]
[6.658,6.207,8.109,5.382,9.91]
```

(6)在已有列表中随机选取一个元素：

```
>>> random.choice(['石头','剪子','布'])
'剪子'
>>> random.choice(['石头','剪子','布'])
'石头'
```

(7)将列表中的元素随机排列：

```
>>> ls=[1,2,3,4,5,6]
>>> random.shuffle(ls)
>>> ls
[2,5,1,6,3,4]
```

(8)在列表中随机选取 3 个元素：

```
>>> ls=[1,2,3,4,5,6]
>>> random.sample(ls,3)
[6,3,4]
```

11.1.3 time 库

时间处理是程序中常用的功能之一,Python 中提供了多种多样的时间、日期处理方式,主要包括在 time、datetime 模块中。datetime 模块重新封装了 time 模块,具有更加强大的时间处理功能。在此,我们只介绍 time 模块。在学习 time 模块前需要先掌握两个计算机中有关时间的基本知识：

- 时间戳(timestamp):指自格林尼治时间 1970 年 01 月 01 日 00 时 00 分 00 秒(北京时间为 1970 年 01 月 01 日 08 时 00 分 00 秒)起至现在已经消逝的毫秒数。
- 协调世界时(coordinated universal time,UTC):又称世界统一时间、世界标准时间、国际协调时间,在我国的世界标准时间为 UTC+8。

在 time 库中,时间的表现形式主要有三种：

（1）时间戳形式。

（2）struct_time 元组形式。Python 使用元组 struct_time 来构建时间对象，其包括 9 个元素，如表 11-3 所示。

表 11-3　时间对象的元素

索引	属性	值
0	tm_year	年份、4 位整数
1	tm_mon	月份[1,12]
2	tm_mday	日期[1,31]
3	tm_hour	小时[0,23]
4	tm_min	分钟[0,59]
5	tm_sec	秒[0,61]，60 和 61 是闰秒（闰年秒占 2 秒）
6	tm_wday	星期[0,6]，0 表示星期一
7	tm_yday	该年的第几天[1,366]
8	tm_isdst	是否为夏令时，0 否，1 是，-1 未知

（3）格式化形式（format time）。格式化的形式使时间的可读性更高，它包括固定格式和自定义格式。时间的格式化主要使用 strftime()、strptime()函数完成。其中，strftime()函数用于将日期格式的数据转化为字符串格式，strptime()函数用于将字符串格式转化为日期格式。两个函数都涉及了日期、时间的格式化控制符，如表 11-4 所示。

表 11-4　格式化控制符

格式化符号	描述	值
%y	年份	[00,99]，2 位数
%Y	年份	[0000,9999]，4 位数
%m	月份	[01,12]
%B	本地月名	January ~ December
%b	本地月名缩写	Jan ~ Dec
%d	日期	[01,31]
%A	本地星期名称	Monday ~ Sunday
%a	本地简化星期名称	Mon ~ Sun
%H	小时（24 小时制）	[0,23]
%I	小时（12 小时制）	[01,12]
%M	分钟	[0,59]
%S	秒	[0,59]
%p	本地 AM 或 PM 的响应符	AM 或 PM
%j	年内的第几天	[001,366]
%U	年内的第几个星期	[00,53]，星期天为开始
%w	星期几	[0,6]，星期天为 0

（续）

格式化符号	描述	值
%W	一年中的星期数	[00,53],星期一为开始
%x	本地相应的日期表示	
%X	本地相应的时间表示	
%Z	当前时区的名称	
%%	%本身	

提示:%p 与%I 配合使用才有效果。

对日期、时间的操作主要有获取当前时间、格式化时间、时间戳转换等。time 库提供了时间操作的基本函数,如表 11-5 所示。

表 11-5 time 库常用函数

函数	描述
time. localtime([secs])	将一个时间戳转换为当前时区的 struct_time,secs 未提供,则以当前时间为准
time. gmtime([secs])	将一个时间戳转换为 UTC 时区的 struct_time,secs 未提供,则以当前时间为准
time. time()	返回当前时间的时间戳
time. mktime(t)	将一个时间元组或者 struct_time 转化为时间戳
time. sleep(secs)	线程延时 secs 秒运行
time. clock()	返回当前 CPU 时间
time. asctime([t])	将时间元组表示为"Sun Sep 15 10:58:05 2019"形式,若 t 未提供,则以 time. localtime()作为参数
time. ctime([secs])	将时间戳转化为 time. asctime()的形式,secs 未提供,则将 time. time()作为参数
time. strftime(format[,t])	将一个代表时间的元组或者 struct_time 转化为格式化的字符串,若 t 未提供,则传入 time. localtime()作为参数
time. strptime(string[,format])	将一个格式化时间字符串转化为 struct_time,与 strftime()是逆操作

示例:

①获取当前系统时间戳(以浮点数方式输出):

```
>>> print('当前时间戳为:',time. time())
当前时间戳为:1583809030. 1208243
```

②获取当前系统时间戳(以字符串方式输出):

```
>>> print('当前时间戳为:',time. ctime())
当前时间戳为:Tue Mar 10 10:58:19 2020
```

③指定时间戳,并以 struct_time 形式输出:

```
>>> timeStamp = 156851940.0379117
>>> print('当前 UTC 时间 struct_time 元组为::',time.gmtime(timeStamp))
当前 UTC 时间 struct_time 元组为::time.struct_time(tm_year = 1974,tm_mon = 12,tm_mday = 21,tm_hour =
9,tm_min = 59,tm_sec = 0,tm_wday = 5,tm_yday = 355,tm_isdst = 0)
>>> print('本地时间 struct_time 元组为::',time.localtime(timeStamp))
当前 UTC 时间 struct_time 元组为::time.struct_time(tm_year = 1974,tm_mon = 12,tm_mday = 21,tm_hour =
17,tm_min = 59,tm_sec = 0,tm_wday = 5,tm_yday = 355,tm_isdst = 0)
>>>
```

④指定时间戳,以格式化形式输出:

```
>>> timeStamp = 156851940.0379117
>>> utcTime = time.gmtime(timeStamp)
>>> print(f'UTC 时间为:{utcTime.tm_year}年{utcTime.tm_mon}月{utcTime.tm_mday}日')
UTC 时间为:1974 年 12 月 21 日
```

⑤指定时间戳,输出时间戳为当年的第几天、星期几:

```
>>> timeStamp = 156871940.0379117
>>> utcTime = time.gmtime(timeStamp)
>>> print(f'第{utcTime.tm_yday}天,星期{utcTime.tm_wday}')
第 355 天,星期 5
>>>
```

⑥指定时间戳,按照×年×月×日 时:分:秒的格式输出:

```
>>> timeStamp = 156871940.0379117
>>> utcTime = time.gmtime(timeStamp)
>>> print(time.strftime('%Y 年%m 月%d 日 %H:%M:%S',utcTime))
1974 年 12 月 21 日 15:32:20
>>>
```

在实际应用中,经常会遇到日期和时间的加减、获取当前日期、获取当前时间、获取时区等需求,而 time 模块只提供了基本的时间函数,要利用 time 模块完成这些功能,必须要写代码进行计算或转换。datetime 模块重新封装了 time 模块,其实现的重点是为格式化输出提供操作以及高效的属性和功能。它提供的类主要有 date、time、datetime、timedelta、tzinfo。其中,date 表示日期,常用属性有 year、month 和 day;time 表示时间,常用属性有 hour、minute、second、microsecond;datetime 表示日期和时间;timedelta 表示两个 date、time 或 datetime 实例之间的时间间隔;tzinfo 表示时区信息。

示例:

```
>>> from datetime import *
>>> date.today()      #获取当前的日期
datetime.date(2019,8,13)
>>> datetime.today()      #获取当前的日期和时间
datetime.datetime(2019,8,13,12,7,57,477117)
>>> datetime.now()      #获取当前的日期和时间
```

```
datetime. datetime(2019,8,13,12,10,50,266058)
>>> datetime. today()+timedelta(days=1)          #获取当前日期和时间,天加 1
datetime. datetime(2019,8,13,15,33,9,664790)
>>> datetime. today()+timedelta(days=-1)         #获取当前日期和时间,天减 1
datetime. datetime2019,8,13,15,33,19,147896)
>>> datetime. now()+timedelta(hours=1)           #获取当前日期和时间,小时加 1
datetime. datetime(2019,8,13,16,34,1,805385)
>>> datetime. now()+timedelta(hours=-1) )        #获取当前日期和时间,小时减 1
datetime. datetime(2019,8,13,14,34,18,769842)
>>> datetime. now(). year
2019
>>> datetime. now(). month
8
>>>
```

11.2 内置函数

Python 的内置函数是 Python 本身所携带的函数,在前面我们已经使用了部分内置函数,表 11-6 为 Python 常用内置函数列表。

表 11-6 Python 内置函数

函数名	描述
abs()	返回一个数值的绝对值
all(iterable)	如果 iterable 的所有元素不为 0、''、False 或者为空,则返回 True,否则返回 False
any(iterable)	如果 iterable 的任何元素不为 0、''、False,则返回 True,如果 iterable 为空,则返回 Fasle
ascii()	返回一个表示对象的字符串,但对于字符串中非 ASCII 字符返回\u、\U 或\x 编码的字符
bin()	将一个整数转换为一个二进制字符串,结果以"0b"为前缀
bool([x])	返回一个布尔值,默认为 False
bytearray()	返回一个可变的新字节数组,每个元素的取值范围为[0,255]
bytes()	将一个字符串转换为相应的编码格式的字节
callable()	检测一个对象是否为可调用的
chr(i)	返回整数 i 对应的 ASCII 字符,i 的取值范围为 0~255
compile(source,filename,mode[,flags[,dont_inherit]])	将一个字符串编译为字节代码
complex([real[,imag]])	创建一个值为 real + imag * j 的复数或者转化一个字符串或数为复数。如果第一个参数为字符串,则不需要指定第二个参数
delattr(obj,name)	删除对象 obj 的属性 name
dict()	创建一个字典

（续）

函数名	描述
dir([obj])	返回模块的属性列表，未传入 obj 时，返回当前范围内的变量、方法和定义的类型列表
divmod(x,y)	计算 x,y 的商和余数，结果为元组
enumerate(sequence,[start=0])	将一个可遍历的数据对象（如列表、元组或字符串）组合为一个索引序列，同时列出数据和数据下标，一般用在 for 循环当中
eval(expression[,globals[,locals]])	执行一个字符串表达式，并返回表达式的值
exec(source,globals=None,locals=None)	执行存储在字符串或文件中的 Python 语句
filter()	对序列中的元素进行筛选，最终获取符合条件的序列
float([x])	将整数和字符串转换为浮点数
format()	格式化字符串
frozenset()	返回一个冻结的集合，该集合不能再添加或删除元素
getattr(object,name[,default])	返回对象的属性值
globals()	以字典类型返回当前位置的全部全局变量
hasattr(obj,name)	判断对象是否包含对应的属性
hash(obj)	获取对象的哈希值
help([obj])	用于查看函数或模块用途的详细说明
hex(x)	将 x 转换为十六进制数
id([obj])	获取对象的内存地址
input()	接收一个标准输入数据，返回为 string 类型
int(x,base=10)	将一个字符串或数字转换为整型（默认为十进制）
isinstance(obj,classinfo)	判断一个对象是否是一个已知的类型
issubclass(class,classinfo)	判断参数 class 是否是类型参数 classinfo 的子类
iter(object[,sentinel])	生成迭代器
len(s)	返回对象的长度或项目个数
list(seq)	将元组或字符串转换为列表
locals()	以字典类型返回当前位置的全部局部变量
map(函数,iterable,…)	将传入的函数依次作用到序列的每个元素，并把结果作为新的 list 返回
max(x,y,z,…)	返回给定参数的最大值
memoryview(obj)	返回给定参数的内存查看对象
min(x,y,z,…)	返回给定参数的最小值
next(iter,[,default])	返回迭代器的下一个项目
oct(x)	将一个整数转换成八进制字符串
open(file, mode='r', buffering=-1, encoding=None, errors=None, newline=None,closefd=True,opener=None)	打开一个文件，并返回文件对象

（续）

函数名	描述
ord(c)	返回 c 对应的 ASCII 值,或 Unicode 数值
pow(x,y)	返回 x 的 y 次方值
print()	打印输出
property([fget[,fset[,fdel[,doc]]]])	在新式类中返回属性值
range([start,] stop[,step])	返回一个可迭代对象
repr(obj)	将对象转换为供解释器读取的形式
reversed(seq)	返回一个反转的迭代器
round(x[,n])	返回浮点数 x 的四舍五入值,n 为小数位数
set([iterable])	创建一个集合
setattr(object,name,value)	设置对象的属性及属性值
slice([start,] stop[,step])	切片对象
sorted (iterable, key = None, everse = False)	对所有可迭代的对象进行排序操作
str(object='')	将 object 转化为字符串
sum(iterable[,start])	对序列进行求和计算
super(type[,object-or-type])	调用超类
tuple(seq)	将序列转化为元组
type(object)	返回对象的类型
type(name,bases,dict)	返回新的类型对象
vars([object])	返回对象的属性和属性值的字典对象
zip([iterable,…])	将对象中对应的元素打包成一个个元组,然后返回由这些元组组成的对象
__import__(name[,globals[,locals[,fromlist[,level]]]])	动态加载类和函数

11.3 第三方库的获取与安装

标准库是 Python 自带的,是在安装搭建 Python 环境时就自动安装好的,而第三方库需要下载后再安装到 Python 的安装目录下。不同的第三方库安装及使用方法不同,但它们的调用方式是一样的,都需要使用 import 导入后才能调用。一般来讲,Python 第三方库有三种安装方法:pip 工具安装、自定义安装和文件安装。

11.3.1 pip 工具安装

pip 是一个通用的 Python 包管理工具,是 easy_insatll 的替代品,它由 Python 官方维护,支持安装(install)、下载(download)、卸载(uninstall)、列表(list)、查看(show)、查找(search)等子命令。对 Python 3.x 版本环境进行第三方库安装和维护可以使用 pip3 命令代替 pip 命令。在命令模式输入 python -m pip install --upgrade pip 命令可以升级 pip 版本。

pip 使用形式如下:

```
pip <command> [options]
```

其中,<command>为子命令,[options]为可选参数。需要说明的是,pip 是在命令模式下执行的。

安装第三方库使用如下命令:

```
pip install<库名>
```

查看当前已安装的第三方库使用如下命令:

```
pip list
```

查看已安装第三方库信息使用如下命令:

```
pip show <库名>
```

执行 pip -h 或 pip help 将列出 pip 子命令及可选项。

```
C:\Users\Administrator>pip -h
Usage:
   pip <command> [options]

Commands:
   install                    Install packages.
   download                   Download packages.
   uninstall                  Uninstall packages.
   freeze                     Output installed packages in requirements format.
   list                       List installed packages.
   show                       Show information about installed packages.
   check                      Verify installed packages have compatible dependencies.
   config                     Manage local and global configuration.
   search                     Search PyPI for packages.
   wheel                      Build wheels from your requirements.
   hash                       Compute hashes of package archives.
   completion                 A helper command used for command completion.
   debug                      Show information useful for debugging.
   help                       Show help for commands.

General Options:
   -h,--help                  Show help.
   --isolated                 Run pip in an isolated mode, ignoring environment variables and user
configuration.
   -v,--verbose               Give more output. Option is additive, and can be used up to 3 times.
   -V,--version               Show version and exit.
   -q,--quiet                 Give less output. Option is additive, and can be used up to 3 times
(corresponding to
                              WARNING, ERROR, and CRITICAL logging levels).
   --log <path>               Path to a verbose appending log.
   --proxy <proxy>            Specify a proxy in the form [user:passwd@]proxy.server:port.
```

```
--retries <retries>          Maximum number of retries each connection should attempt (default 5 times).
--timeout <sec>              Set the socket timeout (default 15 seconds).
--exists-action <action>     Default action when a path already exists:(s)witch,(i)gnore,(w)ipe,(b)ackup,
                             (a)bort.
--trusted-host <hostname>    Mark this host as trusted,even though it does not have valid or any HTTPS.
--cert <path>                Path to alternate CA bundle.
--client-cert <path>         Path to SSL client certificate,a single file containing the private key and the
                             certificate in PEM format.
--cache-dir <dir>            Store the cache data in <dir>.
--no-cache-dir               Disable the cache.
--disable-pip-version-check
                             Don't periodically check PyPI to determine whether a new version of pip is available for
                             download. Implied with --no-index.
--no-color                   Suppress colored output
```

Python 官方包索引网站提供了大量的第三方库,帮助用户查找和安装所需的第三方库,所有人均可在该网站下载第三方库,或者上传自己开发的 Python 库。

提示:第三方库往往还会依赖其他模块,使用 pip 不但会安装第三方库本身,还会自动安装第三方库所依赖的模块,因此,强烈建设使用 pip 安装第三方库。

11.3.2 自定义安装

第三方库一般都提供用于维护库的主页,用户可以按照第三方库提供的步骤和方式进行安装。这种安装方式适用于在 pip 中尚无等级或安装失败的第三方库。

以开源的 Web 应用框架 django 为例,用户找到其官方网站,根据网页提示下载安装即可。

11.3.3 文件安装

某些 Python 第三方库仅提供了源代码,通过 pip 下载文件后无法在 Windows 系统下安装,为此,美国加州大学尔湾分校建立了一个网页,此网页提供了大量的可能在 Windows 下安装出现问题的第三方库二进制文件。该网页中均为 .whl 文件,如 traits-5.1.2-cp37-cp37m-win32.whl,其中,cp37 是指适用于 Python 3.7 版本,用户下载文件时应找到与 Python 适应的版本下载安装。用户在该网站下载文件后,在本地使用 pip 命令安装即可。

11.4 PyInstaller 库

程序解释运行方式的缺点是运行速度较慢,而经过编译生成二进制代码的程序运行速度会大大提高。PyInstaller 是一个将 Python 源文件(.py 文件)打包,编译为可执行文件的第三方库。它能够在 Windows、Linux、MacOS 等系统下运行,并根据不同的系统生成不同的可执行文件。打包后的 Python 程序可以在没有安装 Python 的环境中运行。

用户通过 PyInstaller 官方网站可以获取更多关于 PyInstaller 的安装与使用信息,也可以使用 pip 命令直接安装 PyInstaller 库。

PyInstaller 打包文件在命令模式下的使用方式如下:

```
PyInstaller [options] <Python 源程序文件>
```

命令执行后,会在源文件所在目录生成 build 和 dist 两个目录。其中,build 是 PyInstaller 存储临时文件的目录,可以随时删除;dist 目录下会产生一个与源文件同名的子目录,子目录中除可执行文件外,还有可执行文件运行所需要的其他依赖文件。表 11-7 列出了 options 的常用可选项。

表 11-7　常用可选项列表

参数	描述
-h,--help	查看该模块的帮助信息
-F,-onefile	产生单个的可执行文件
-D,--onedir	产生一个目录(包含多个文件)作为可执行程序
-a,--ascii	不包含 Unicode 字符集支持
--clean	清理打包过程中的临时文件
-d,--debug	产生 debug 版本的可执行文件
-w,--windowed,--noconsole	指定程序运行时不显示命令行窗口(仅对 Windows 有效)
-c,--nowindowed,--console	指定使用命令行窗口运行程序(仅对 Windows 有效)
-o DIR,--out=DIR	指定 spec 文件的生成目录。如果没有指定,则默认使用当前目录来生成 spec 文件
-p DIR,--path=DIR	设置 Python 导入模块的路径(和设置 PYTHONPATH 环境变量的作用相似)。也可使用路径分隔符(Windows 使用分号,Linux 使用冒号)来分隔多个路径
-n NAME,--name=NAME	指定项目(产生的 spec)名字。如果省略该选项,那么第一个脚本的主文件名将作为 spec 的名字
-i <图标文件名.ico>	指定打包后程序使用的图标文件

11.5　jieba 库

中文及类似语言的词语并不是通过空格或者标点符号进行分割的,因此要对此类语言的词语进行分词就成为程序设计中的一个重要问题,比如要统计一段文字中词语数量,或者将其分词。

jieba(结巴)是 Python 中一个重要的第三方中文分词函数库,它能够将一段中文文字分割成中文词语的序列。jieba 自带了一个 dict.txt 字典,分词时依据一定的策略扫描句子,若句子中某个子串与字典中的某个词匹配,则分词成功。除了分词,jieba 还提供自定义中文词语的功能,用于扩充字典。

jieba 支持三种分词模式:

(1)精确模式。将文本精确地分开,不存在冗余,适合文本分析。

(2)全模式。把文本中所有可能成词词语都扫描出来,分词结果存在冗余、歧义。

(3)搜索引擎模式。在精确模式的基础上,再次对长词进行切分。

jieba 库包含的主要函数如表 11-8 所示。

表 11-8　jieba 库包含的主要函数

函数	描述
jieba. lcut(s)	精确模式,返回值为一个可迭代的数据类型
jieba. cut(s,cut_all=True)	全模式,返回 s 中所有可能的词语
jieba. lcut_for_search(s)	搜索引擎模式,返回一个列表类型
jieba. add_word(w)	向字典中动态添加新词 w,新词只适用于当前程序

【例 11-2】分词。

```
import jieba
s='中国梦,实现中华民族伟大复兴!'
ls=jieba. lcut(s)
print('精确模式分词结果:'+'/'.join(ls))
ls=jieba. cut(s,cut_all=True)
print('全模式分词结果:'+'/'.join(ls))
ls=jieba. cut(s,cut_all=False) #cut_all=False 为精确模式
print('精确分词结果:'+'/'.join(ls))
ls=jieba. cut_for_search(s)
print('搜索引擎模式分词结果:'+'/'.join(ls))
```

程序运行结果:

```
精确模式分词结果:中国/梦/,/实现/中华民族/伟大/复兴/!
全模式分词结果:中国/梦///实现/中华/中华民族/民族/伟大/复兴//
精确分词结果:中国/梦/,/实现/中华民族/伟大/复兴/!
搜索引擎模式分词结果:中国/梦/,/实现/中华/民族/中华民族/伟大/复兴/!
```

程序运行结果分析:

为了便于观察,对分词结果使用斜线(/)作为分词后各词之间的分割符;jieba. cut()函数的参数 cut_all=True 表明使用全模式进行分词,cut_all=False 表明使用精确模式进行分词,默认情况下该函数使用精确模式;若待分词的中文文本中包含标点符号,当使用 join 函数进行连接时,标点符号会被替换成 join()函数的分隔符。

11.6　wordcloud 库

wordcloud 是由美国西北大学新闻学副教授、新媒体专业主任奇·戈登(Rich Gordon)提出的,它的主要作用就是对网络文本中出现频率较高的"关键词"予以视觉上的突出,形成关键词云层或者关键词渲染,从而过滤掉大量的文本信息,使浏览者只要一眼扫过文本就可以领略文本的主旨。wordcloud 是一款非常优秀的词云第三方库,它以词语为基本单位,通过图形可视化的方式,更加直观和艺术地展示文本。

使用 pip 安装 wordcloud 库很多时候都会报错，错误的原因不尽相同。因此，一般建议在官方网站上找到 wordcloud 并下载对应版本的 whl 文件，再使用 pip 进行安装。

使用 wordcloud 生成词云一般需要 4 步：①配置对象参数；②加载词云文本（数据文件）；③准备词云的背景图（按照背景图的形状输出词云）；④输出词云文件。

在 wordcloud 中生成词云有两种方式：①按照文本中词语出现的频率生成；②根据文本直接生成。wordcloud 是根据空格和标点符号对词语进行分割的。因此，对中文而言，无论是第一种方式，还是第二种方式，都需要先将文本进行分词，再将分词后的结果以空格进行拼接，最后才能生成词云，而对于英文文本就不需要先分词。另外，处理中文时还需要指定中文字体，例如，使用微软雅黑字体（msyh. ttf）作为显示效果。

生成词云的形状有矩形和自定义形状两种，默认是矩形。对于自定义形状，一般需要使用一张图片作为背景。由于 wordcloud 会在图片非白色的区域填充文字，因此，背景图片的画布一定要是白色（#FFFFFF）的，这样显示的词云形状就是非白色的其他颜色。使用自定义形状，需要对参数 mask 进行设置，该参数设置（非空）后，原来的宽度与高度将被忽略。

wordcloud 模块常用的方法如表 11-9 所示。

表 11-9　wordcloud 常用方法

方法	描述
fit_words(frequencies)	根据词频生成词云
generate(text)	根据文本生成词云
generate_from_frequencies(frequencies)	根据词频生成词云
generate_from(text)	根据文本生成词云
process_text(text)	将长文本分词并去除屏蔽词
recolor([random_state, color_func, colormap])	对现有输出重新着色
to_array()	转换为 numpy array

wordcloud 将词云当作一个 WordCloud（注意大小写）对象来进行处理，对象的主要属性如表 11-10 所示。

表 11-10　WordCloud 对象主要属性

参数	描述
width	指定词云图片的宽度
height	指定词云图片的高度
min_font_size	最小字号，默认为 4 号字
max_font_size	最大字号
font_step	指定词云中词语步进间隔，默认为 1
font_path	指定字体路径，默认为空，表示当前程序路径
max_words	指定词云显示单词的最大数量，默认为 200

（续）

参数	描述
stop_words	指定词云中排除词列表，即不显示的单词列表
mask	指定词云形状，默认为矩形，需要引用 imread( ) 函数
background_color	指定图片的背景颜色
prefer_horizontal	词语水平方向排版出现的频率，默认为 0.9
scal	按照比例放大画布

提示：字体不对会报错，即 OSError：cannot open resource。

11.7 常见的第三方库

Python 计算生态中还有众多其他的第三方库，本节只对相对比较常见、常用的网络爬虫、数据分析、文本处理、数据可视化、用户图形界面、机器学习、Web 开发、游戏开发及其他第三方库等进行简要介绍。

11.7.1 网络爬虫

网络爬虫（又称网页蜘蛛、网络机器人），是以一种按照一定的规则、自动抓取互联网信息的程序或脚本。Python 提供了多个具备爬虫功能的第三方库，这里只介绍几个常用的第三方库。

爬虫抓取网络中的信息一般要通过发起请求、获取响应内容、解析内容、保存数据四个步骤。

1. requests

Python 中的标准库中包含有关于网页处理的函数库 urllib，但使用起来并不是很方便，而 requests 是一个简洁方便的 HTTP 请求处理第三方库，它支持 HTTP 链接保持和链接池、cookie 会话保持、文件上传、链接超时处理、自动内容解码、国际化的 URL、POST 数据自动编码、自动解压、基本的摘要认证、浏览器式的 SSL 验证等。

requests 库中常用的函数如表 11-11 所示。

表 11-11 requests 库常用函数

函数	描述
requests. request(method, url)	构造一个请求，它是以下方法的基础
requests. get(url, params = None)	以 get 方式向网页发起请求
requests. post(url, data = None, json = None)	以 post 方式向网页发起请求
requests. put(url, data = None)	以 put 方式向网页发起请求
requests. head(url)	获取网页头信息
requests. patch(url, data = None)	向网页提交局部修改请求
requests. delete(url)	向网页提交删除请求

抓取下来的网页，主要包括状态码、请求的 URL、头信息、cookies 信息、网页内容等。

示例：

```
import requests
r=requests.get('http://www.baidu.cn')
print(r.status_code)          #输出状态码
print(r.url)                  #输出请求的 URL
print(r.headers)              #输出网页头信息
print(r.cookies)              #输出 cookies 信息
print(r.text)                 #以文本形式输出网页源码
print(r.content)              #以字节流形式输出网页内容
```

2. scrapy

scrapy 是一个易学易用的爬虫框架，它本身包含了爬虫系统应有的部分公共功能，任何人都可以根据需求方便地进行扩展，进而实现比较专业的网络爬虫系统。它除了用于抓取 Web 站点并从页面中提取结构化的数据外，还可以用于数据挖掘、监测和自动化测试。

scrapy 提供 URL 队列、异步多线程访问、定时访问、数据库集成等功能。它由五大部分构成：调度器(scheduler)、下载器(downloader)、爬虫(spider)、实体管道(item pipeline)、scrapy 引擎(scrapy engine)。调度器实际上是一个要抓取的 URL 队列，由它对 URL 进行调度，并去除重复的 URL；下载器用于高速下载网上的资源；爬虫用于从网页中提取自己所需要的信息，即实体(item)，用户也可以从网页中提取链接，让 scrapy 继续抓取下一个页面；实体管道用于处理爬虫获得的实体，包括持久化实体、验证实体的有效性、清除不需要的信息等；scrapy 引擎是整个框架的核心，用来控制调度器、下载器和爬虫，控制着整个流程。

scrapy 发出请求的工作流程如下：

(1)爬虫将请求的 URL 经引擎发送给调度器。

(2)调度器对请求的 URL 排序，然后经引擎发送给下载器。

(3)下载器向 URL 所在服务器发送请求，并接收下载响应，并将响应经引擎交给爬虫。

(4)爬虫对响应进行处理，提取数据，并将数据经引擎交给实体管道保存。

(5)提取 URL 重新经引擎交给调度器进行下一次循环，直到无 URL 请求为止。

3. 其他爬虫框架

除 scrapy 外，grab、pyspider、cola 等第三方库也是不错的网络爬虫框架。

11.7.2　数据分析

Python 常被用于数据处理，它可以处理的数据范围较大，具有较高的开发效率、可维护性、跨平台性和通用性。但 Python 自身的数据分析有一定的局限性，我们往往借助第三方库来增强数据分析和挖掘能力。

Python 进行数据分析常用的第三方库有 numpy、scipy、pandas、matplotlib、scikit-learn、keras、gensim、statmodels、theano 等。

1. numpy

numpy 内部是用 C 语言编写的，对外采用 Python 封装的数据分析库，其运行速度可以达到接近 C 语言的处理速度。它支持多维数组与矩阵的运算，矩阵的转置、求逆、求和、叉乘等都可以使用简短的代码完成,行、列也可以轻易抽取。而且,numpy 还对矩阵运算做了大量的并行化处理,大大提高了程序的执行效率。它常与 scipy 和 matplotlib(绘图库)组合使用。

2. scipy

scipy 是一个专用于数学、科学、工程领域的第三方库,可以处理积分、插值、优化、图像处理、通用微分方程数值求解、信号处理、线性代数等。它包括向量计算(scipy. cluster)、物理和数学常量(scipy. constants)、傅里叶变换(scipy. fftpack)、积分程序(scipy. integrate)、插值(scipy. interpolate)、数据输入输出(scipy. io)、线性代数程序(scipy. linalg)、n 维图像包(scipy. ndimage)、正交距离回归(scipy. odr)、优化(scipy. optimize)、信号处理(scipy. signal)、稀疏矩阵(scipy. sparse)、空间数据结构和算法(scipy. spatial)、特殊的属性函数(scipy. special)、统计(scipy. stats)等子模块。

3. pandas

pandas 是字典形式的、基于 numpy 创建的一个数据分析包,是专门为解决数据分析任务而创建的,多用于数据挖掘和数据分析,同时也提供数据清洗功能。它提供了快速处理数据集的工具,对时间序列的数据分析提供了良好的支持。pandas 提供了 series 和 dataframe 两种基本的数据类型。series 是一维数组,能保存不同数据类型;dataframe 是二维的表格型数据结构,可以看成是由 series 组成的字典。同时,pandas 库还提供了操作 csv 文件的方法 read_csv(),它可以读取指定列的数据。

11.7.3 文本处理

文本处理是信息处理中涉及面最广的一种应用,几乎与任何领域都有关。Python 在有关文本处理方面也形成了大量的第三方库,这里只介绍常见的 PDF、Excel、Word、Html 和 XML 类型文件的库。

1. PDF 文本处理

PDF(portable document format),即可移植的文档格式,是一种被广泛应用的数字媒体,用于可靠地呈现和交换文档,它与软件、硬件和操作系统无关。Python 生态中常见的用于 PDF 文本处理的库主要有 pdfminer、pypdf2 和 pdfplumber。pdfminer 能够获取 PDF 中文本的位置、字体、行数等信息,还能够将 PDF 文件转换为 Html 或文本文件;pypdf2 能够提取文档的基本信息、按页拆分文档、逐页合并文档、裁剪页面、将多个页面合并到一个页面、对 PDF 文档进行加密与解密等;pdfplumber 是按页处理 PDF 的,可以获得页面的所有文字、直线、曲线、方格,并提供单独的方法提取 PDF 文件中的表格。

2. Excel 文本处理

对于 Excel 文件的处理,Python 生态中有 openpyxl、xlwings、datanitro、xlswriter、win32com 库等,另外,pandas 也可实现对 Excel 文件的读写操作。

3. Word 文件处理

python-docx 库是专门读写 Word 文档的库,它能对 Word 常见样式进行编程设置,包括字符样式、段落样式、表格样式、页面样式,还可以实现添加和修改文本、图形、样式、文档等功能。

4. Html/XML 文件处理

Html 不但包含有用的内容信息,还包含大量的用于页面格式化控制的元素。一般来说解析一个网页需要具备完善的 Html 语法知识,而且比较复杂。Python 中的第三方库

beautifulsoup4 能够根据 Html 或 XML 语法树将数据从 Html 或 XML 文件中解析出来。

11.7.4　数据可视化

数据可视化是为了让人们更清晰、更简洁、更直观、更贴切地掌握和理解数据所表达的含义而采用的一种数据图形化展示方式。例如，将表格中的数据以柱状图、折线图或饼状图等方式展示即可视化。Python 在数据可视化方面具有丰富的第三方库支持，这里只介绍最常用的库。

1. matplotlib

matplotlib 是一个高质量的二维数据可视化功能库，被广泛用于科学计算的数据可视化，它提供了超过 100 种数据可视化展示效果，并通过 matplotlib. pyplot 子库调用可视化效果。

2. seaborn

seaborn 是基于 matplotlib 的库，可以用几行代码创建出漂亮的图表，其默认的款式和调色板设计更加美观、现代，可以可视化单变量、双变量、线性回归数据和数据矩阵以及总机型时序数据等。seaborn 是 matplotlib 的补充，而非替代；同时，它高度兼容 numpy 与 pandas 数据结构。

3. tvtk

vtk 是一套用 C++开发的三维数据可视化工具库，为了体现 Python 作为动态语言的优势，enthought. com 用 Traits 库对 vtk 库进行了包装，形成了具备 Python 风格的 API。在 Python 生态中一般将 tvtk 与 vtk 等同。

使用 pip 安装 tvtk 会出现错误，建议使用文件安装的方式进行安装。

4. mayavi

虽然 vtk 功能强大，tvtk 使用方便简洁，但要用它们快速实现三维可视化程序仍然需要花费大量的时间和精力，因此基于 vtk 产生了许多其他第三方可视化库，mayavi 就是其中之一。

在 Windows 下安装 mayavi，首先必须安装 traits 和 vtk 库，这三个库的安装方式都需要使用文件安装方式。

11.7.5　用户图形界面

用户图形界面（graphical user interface，GUI）是指以图形方式显示用户操作的计算机界面，它与命令行界面相比，用户在视觉上更容易接受。

Python 提供了多个图形界面开发的库，常用的有：

1. tkinter

tkinter 是 Python 自带的，是可以编辑的 GUI 界面，不需要单独安装，只需使用 import 命令导入库即可使用。但这个库中提供的控件比较有限，加之编写出来的 GUI 风格与现代程序的 GUI 风格差距很大，用户体验并不好，因此，它一般只用来制作一些非常简单的图形界面。

2. wxPython

wxPython 是比较流行的一个 tkinter 替代产品，它是对跨平台 GUI 库 wxWidgets 的 Python 封装，使用它可以方便地创建完整的、功能强大的图形界面。

在 Windows 下可以直接使用 pip 命令安装 wxPython 库。

3. PyGTK

PyGTK 是基于 GTK+的 Python 语言封装，利用它可以轻松创建具有图形界面的程序，底层的 GTK+提供了各式的可视元素和功能。PyGTK 具有跨平台性,利用它编写的程序能够稳定地运行在 Windows、Linux、MacOS 等各种操作系统上。

目前,PyGTK 还不支持 Python3 以上的版本。

4. PyQt5

PyQt5 是一套 Python 绑定 Digia Qt5 的应用框架,它有 620 多个类和近 6000 个函数与方法,可以在 Windows、Linux、MacOS 等各种操作系统跨平台使用。

所有 GUI 程序都是依靠事件驱动的,事件可以由用户触发,也可以由其他方式触发。PyQt5 采用信号-槽(signal&slot)的机制来处理事件,即将事件和对应的处理程序进行绑定,也就是说信号就是事件,槽就是事件的处理程序。例如,鼠标单击就是一个事件(信号),它会触发相对应的处理程序(槽)。在 PyQt5 中,一个信号可以连接多个槽,也可以不连接槽,信号也可以连接其他信号。

在 Windows 下可以直接使用 pip 安装 PyQt5。

5. kivy

kivy 是一套用于跨平台快速应用开发的应用框架,利用它不但可以开发各大系统的桌面应用,还可以开发针对多点触摸应用的移动端 App。通过 kivy 提供的打包工具,可以生成运行在不同系统的打包程序。

在 Windows 下可以直接使用 pip 安装 kivy。

11.7.6 机器学习

机器学习作为人工智能领域的一个重要分支,一直受到人工智能及认知心理学家的普遍关注。通过机器学习可以使计算机模拟人的学习行为,自动地获取知识和技能,不断改善性能,实现自我完善。Python 语言是人工智能领域的重要基础语言,具有丰富的机器学习库,用户可以不用搞懂各种复杂深奥的数学公式,就能编写出高质量的人工智能程序。下面介绍几个流行的机器学习框架。

1. scikit-learn

scikit-learn(简称 Sklearn)是一款基于 Python 语言的机器学习的开源框架,实现了大量经典论文的算法,且提供完整的使用文档。其主要的缺点是不支持深度学习和强化学习,也不支持图模型和序列预测。scikit-learn 的基本功能被分为六大部分:分类、回归、聚类、数据降维、模型选择和数据预处理。

scikit-learn 依赖于 numpy、scipy 和 matplotlib 三个库,所以安装 scikit-learn 前,必须先安装这几个包,最后使用 pip 命令安装即可。

2. tensorflow

tensorflow 是一个采用数据流图(data flow graphs)进行数值计算的开源软件库,由 Google Brain 团队为深度神经网络(DNN)开发。它允许将深度神经网络的计算部署到任意数量的 CPU 或 GPU 的服务器、PC 或移动设备上,且只利用一个 tensorflow API。Tensor(张量)是指 n 维数组,Flow(流)是指基于数据流图的计算,tensorflow 描述的是张量从流图的一段流动到另一段的计算过程。

在 Python 中利用 numpy 编写神经网络代码是一件十分麻烦的事情,而 tensorflow 使得这一切变得更加简单快捷,大大缩短了想法到部署之间的实现时间。

3. theano

theano 是 Python 中较为老牌和稳定的机器学习库之一，是为了深度学习中大规模人工神经网络算法的运算而设计的，它紧密集成了 numpy，擅长处理多维数组。

在 Windows 下可以直接使用 pip 命令安装 theano 库。

11.7.7　Web 开发

Web 开发可以分为前端开发和后端开发。Web 前端开发偏重于 UI(user interface，用户界面)的设计，即页面的架构、视觉效果及 Web 层面的交互实现等；而 Web 后端开发偏重于与数据库的交互处理和业务逻辑的处理，需要考虑如何实现功能、如何存取数据、系统的稳定性与性能等。Python 可以用于 Web 服务器的后端开发，其有很多的 Web 开发框架，如 django、flask、pyramid、bottle、tornado、pyIons、web2py 等。这里简要介绍 django、flask 和 pyramid 三个框架。

1. django

django 是当前最流行的 Python Web 开发框架，它处理了 Web 开发中许多的麻烦，从而使得开发人员可以专注于业务逻辑的处理。django 是基于模型(model)、视图(view)、控制器(controller)构造的框架，但其控制器接收用户输入的部分由框架自行处理，所以它更关注的是模型、模板(template)和视图，称为 MTV 模式。其中，模型是数据存取层，用于处理与数据相关的事务，包括如何存取、如何验证有效性、包含的行为以及数据之间的关系等；模板是表现层，用于处理与表现相关的功能，如定义页面的显示风格；视图是业务逻辑层，是模型与模板之间的桥梁，用于存取模型及调取适当模板的相关逻辑。实际上 django 将 MVC 中的视图进一步分解为 django 视图 和 django 模板两个部分，分别决定“展现哪些数据”和“如何展现”，使得 django 的模板可以根据需要随时替换，而不仅仅限制于内置的模板。

在 Windows 下可以直接使用 pip 命令安装 django 框架。

2. flask

flask 是一个使用 Python 语言编写的轻量级 Web 应用框架，与其他同类型框架相比，它更为灵活、轻便、安全且容易上手，可以很好地结合 MVC 模式进行开发。另外，它还有较强的定制性，用户可以根据需要来添加相应的功能。

在 Windows 下可以直接使用 pip 命令安装 flask 框架。

3. pyramid

pyramid 是一个小型的、快速的 Python Web 应用框架，它适合开发大型项目，也适合小型项目，其首要目标是使 Python 开发人员更容易创建 Web 应用程序，相比 django 它更加灵活，开发人员可以灵活选择所使用的数据库、模板风格、URL 结构等内容。

在 Windows 下可以直接使用 pip 命令安装 pyramid 框架。

11.7.8　游戏开发

在游戏开发方面，Python 可以用更少的代码描述游戏业务逻辑，而且能够很好地对游戏项目的规模进行控制。这里介绍几个 Python 第三方游戏生态库。

1. pygame

pygame 是一个在 SDL 库基础上进行封装的游戏开发框架，它提供了大量的与游戏相关的底层逻辑和功能,其中的 SDL(simple directmedia layer)是开源的、跨平台的多媒体开发库,通过 OpenGL(open graphics library,开放图形库,用于渲染 2D、3D 矢量图形的应用程序编程接口)和 Direct3D(微软公司开发的一套 3D 绘图编程接口)底层函数提供了对键盘、鼠标、音频和图形硬件的简单访问。

在 Windows 下可以直接使用 pip 命令安装 pygame 库。

2. panda3d

panda3d 是一个开源、跨平台的 3D 游戏引擎,用于 3D 渲染和游戏开发,它强调能力、速度、完整性和容错四个方面的内容。

panda3d 支持许多先进游戏引擎所支持的特性,如线法贴图、光泽贴图、HDR、卡通渲染和线框渲染等。

在 Windows 下可以直接使用 pip 命令安装 panda3d 库。

3. cocos2d

cocos2d 是一个开发 2D 游戏和图形界面交互式应用的框架,它包括 Cocos2D-iPhone、Cocos2D-X、Cocos2D-Html5 和 JavaScriptbindings for Cocos2D-X 几个版本,具有易于使用、高效、灵活、免费的特点。

cocos2d 引擎采用树形结构来管理游戏对象,它将一个游戏划分为不同场景,每个场景又分为不同层,每个层处理并响应用户事件。

在 Windows 下可以直接使用 pip 命令安装 cocos2d 库。

11.7.9 其他第三方库

Python 有十几万个第三方库,几乎覆盖了信息技术所有的领域,在每个方向都有大量的专业人员进行开发维护。除了本章介绍的方向外,还有管理配置信息库、创建命令行的库、进行下载的库、操作图像的库、光学字符识别库(OCR)、操作音频的库、操作视频和 GIF 的库、处理地理位置的库、连接和操作数据库的库、实现对象关系映射或数据映射技术的库、管理用户访问数据库权限的库、用来生成内容管理系统的库、用于电子商务以及支付的框架和库、实现验证方案的库、模板生成和词法解析的库与工具、处理事件以及任务队列的库、多数据进行索引和执行搜索查询的库与软件、管理动态消息的库、资源管理的库、缓存数据的库、发送和解析电子邮件的库、进行国际化的库、进行表单操作的库、进行表单验证的库、进行反垃圾邮件的库、生成静态站点的库、管理操作系统进程及通信的库、进行并发和并行操作的库、用于网络编程的库、用于密码学的库、生成和操作日志的库、进行代码库测试和生成测试数据的库、进行代码分析的库与工具、进行代码调试的库、计算机视觉库、对硬件进行编程的库等。

此处再简单介绍几个库:

1. pillow

PIL(Python image library,Python 图像块)是用于图像存储、处理和显示的第三方库,但它有不少的确定和限制。pillow 是 PIL(Python 图形库)的一个分支,它比 PIL 更加友好,更加容易使用。

2. NLTK

NLTK 是一个自然语言处理包,它通用性非常高,支持多种语言,可以进行语料处理、文本统计、内容理解、情感分析等。

3. sympy

sympy 是一个用户符号数据的 Python 库，支持符号计算、高精度计算、模式匹配、绘图、解方程、微积分、组合数学、离散数学、几何学、概率与统计、物理学等领域的计算。可以完成代数评测、差异化、扩展、复数、矩阵运算、求积分、级数展开、求极限、多项式求值等。

4. werobot

werobot 是一个基于 Python 的微信机器人开发框架，它可以解析微信服务器发来的消息，并将消息解析为 Message 或 Event 类型。其中，Message 是用户发来的文本、图片等消息；Event 是用户触发的各类事件，如关注事件、二维码扫描事件等。werobot 会将消息交给对应的处理程序进行处理，并将返回值返回给微信服务器。

5. MyQR

MyQR 是一个能够生成自定义二维码的第三方库，可以根据需要生成普通二维码、带图片的艺术二维码，也可以生成动态二维码。生成的二维码以图片文件形式存放，图片的文件名一般为“qrcode. png”。

11.8　综合案例

【例 11-3】编写程序，将汉字转换为拼音。

程序代码：

```
from pypinyin import lazy_pinyin,pinyin
names=['刘备','诸葛亮','关羽','张飞','赵云']
for name in names:
    pp=''.join(lazy_pinyin(name,1))
    print(f'{name:<6}:{pp}')
```

输出结果：

```
刘备    :liú bèi
诸葛亮  :zhū gě liàng
关羽    :guān yǔ
张飞    :zhāng fēi
赵云    :zhào yún
```

【例 11-4】生成词云。

使用 wordcloud 生成词云，可以分为以下几个步骤：

(1)以空格分割单词。

(2)统计单词出现的次数。

(3)排序，对单词出现的次数进行排序，一般取前 N 个词生成词云。

(4)生成词云。

在本例中，我们从网上下载一个三国演义的文本文件(三国演义 . txt)，对出现频率比较高的词生成词云；同时使用一个停用词文件(chineseStopWords. txt)，用于存放不想统计的词；使用一个地图文件(pic. png)用于显示形状的控制；使用 jieba 进行分词；使用 wordcloud 生成词云；使用 matplotlib 进行画图显示。

程序代码如下：

```
from PIL import Image,ImageSequence
import numpy as np
import matplotlib.pyplot as plt
from wordcloud import WordCloud,ImageColorGenerator
import jieba
import jieba.analyse

#将高频词保存到一个文件中
#words 为列表,元素为元组
def saveWord(words,filename='hfword.txt'):
    with open(filename,'w+',encoding='utf-8')as f:
        for word in words:
            f.write(word[0]+'\n')  #元组第一个元素为词
#分词函数,txt 为文件名
def cutWord(txt):
    with open(txt,'r',encoding='utf-8') as fp:
        file_in=fp.read()
        jieba.del_word("却说")     #删除一些不想要的词
        jieba.del_word("二人")
        jieba.del_word("荆州")
        words=jieba.lcut(file_in)
    return words

#统计每个词的出现频率
def cacFreq(stopwords,words):
    #读取停用词文件
    stopWords=[lines.strip() for lines in open(stopwords,encoding='utf-8').readlines()]
    stopWords.append('')         #空白也为停用词
    wordFreq={}       #用字典存放词的频率
    for word in words:                #统计每个词的出现频率
        if (word in stopwords) or len(word)==1 :      #禁用词和低频词不统计
            continue
        elif word=='玄德' or word=='玄德曰':
            newword='刘备'
        elif word=='丞相':
            newword='曹操'
        elif word=='孔明' or word=='孔明曰':
            newword='诸葛亮'
        elif word=='关公' or word=='云长':
            newword='关羽'
        elif word=='子龙':
```

```
            neword='赵云'
        else:
            newword=word
        if newword in wordFreq:
            wordFreq[newword]+=1
        else:
            wordFreq[newword]=1
    return wordFreq

'''
对统计的结果降序排序,并保存排序结果
返回值为列表
'''
def wordSort(dic):
    #按字典的值进行降序排序
    result=sorted(dic.items(),key=lambda item:item[1],reverse=True)
    saveWord(result)      #保存排序结果
    return result         #返回结果

#读取频词文件中的前 n 个词
def readWord(fp,n=50):
    with open(fp,encoding='utf-8') as f:
        topN=[]
        for i in range(n):
            topN.append(f.readline())
    return " ".join(topN)

#分词
cutword=cutWord('三国演义.txt')
#统计词频
cacword=cacFreq('chineseStopWords.txt',cutword)
fp='hfword.txt' #排序结果保存的文件名
#排序
wordsort=wordSort(cacword)
#读取前 N 个词
topN=readWord(fp)
#生成词云对象,并初始化
wordcloud=WordCloud(
    font_path='C:/Users/Windows/fonts/simkai.ttf',  #字体样式设置
    background_color="white",width=2000,height=2000,    #背景颜色、宽、高
    mask=np.array(Image.open("./pic/pic2.png"))  #背景图片 mask=background_image
)
wordcloud.generate(topN)              #生成词云图
wordcloud.to_file('三国词云.png')      #将词云保存为文件
```

```
plt.rcParams['font.sans-serif']=['SimHei']
plt.rcParams['axes.unicode_minus']=False
plt.figure('词云')
plt.title(u'三国词云图')
plt.imshow(wordcloud,interpolation="bilinear")
plt.axis("off")    #不展示坐标轴 否则为 plt.axis("off")
plt.show()  #词云图的展示
```

程序运行结果：

习　题

一、多选题

1. 以下选项中用于网络爬虫的是(　　)。

   A. scrapy　　B. wxPython　　C. pillow　　D. requests

2. 以下选项中用于数据分析的是(　　)。

   A. scrapy　　B. numpy　　C. Pandas　　D. flask　　E. sympy

3. 以下选项中用于文本处理的是(　　)。

   A. pypdf2　　B. wxPython　　C. xlwings　　D. NLTK

4. 以下选项中用于数据可视化的是(　　)。

   A. matplotlib　　B. beautifulsoup4　　C. tvtk　　D. openyxl

5. 以下选项中用于用户图形界面的是(　　)。

   A. pygtk　　B. wxPython　　C. pillow　　D. mayavi

6. 以下选项中用于机器学习的是(　　)。

   A. scikit-learn　　B. tensorflow　　C. pillow　　D. teano

7. 以下选项中用于 Web 开发的是(　　)。

   A. pyramid　　B. wxPython　　C. tornado　　D. jieba

8. 以下选项中用于游戏开发的是(　　)。

   A. panda3d　　B. cocos2d　　C. pillow　　D. logging

9. 以下选项中用于图像处理的是(　　)。

A. s4cmd　　B. wxPython　　C. pillow　　D. django

10. 以下选项中用于日期和时间处理的是(　　)。

A. scrapy　　B. time　　C. pillow　　D. pytime

11. 以下关于 turtle 库画笔状态描述正确的是(　　)。

A. 画笔状态就是其当前所处的位置方向

B. 画笔状态就是画笔的颜色

C. 画笔状态就是线条的宽度

D. 画笔状态就是画笔的移动速度

12. 以下关于 random 库函数说法正确的是(　　)。

A. random()函数用于随机生产一个[0.0,1.0]的小数

B. randint(m,n)用于随机生成一个[m,n]的整数

C. shuffle(seq)用于将 seq 的元素随机排列

D. sample(p,k)用于从 p 中随机选取 k 个元素,并以列表类型返回

E. uniform(m,n)用于随机生成一个[m,n]的小数

13. 以下关于时间戳说法正确的是(　　)。

A. 时间戳是指自北京时间 1970 年 01 月 01 日 00 时 00 分 00 秒起至现在消逝的毫秒数

B. 时间戳是指自格林尼治时间 1970 年 01 月 01 日 00 时 00 分 00 秒起至现在消逝的毫秒数。

C. 函数 time. localtime()可以将时间戳转换为当前时区的时间

D. 中国的世界标准时间为 UTC+8

14. 以下关于时间格式化说法正确的是(　　)。

A. %y 表示 2 位数的年份　　B. %Y 表示 4 位数的年份

C. %M 表示月份　　D. %m 表示月份

15. 以下用于格式化时间的函数是(　　)。

A. time. localtime()　　B. time. time()

C. time. strftime()　　D. time. sleep()

16. 以下关于 PyInstaller 库说法正确的是(　　)。

A. PyInstaller 库用于安装 Python 软件包

B. PyInstaller 库用于将 Python 源程序文件打包,生成可执行文件

C. PyInstaller 打包后除可执行文件外,还包括其他依赖文件

D. PyInstaller 生成的可执行文件可在任意平台下运行

17. 以下关于 jieba 库函数说法正确的是(　　)。

A. lcut()函数用于精确分词

B. cut()可返回所有可能的分词

C. jieba 依赖于其所携带字典进行分词

D. add_word()函数可将内容永久添加到字典中

18. 以下关于 wordcloud 描述正确的是(　　)。

A. 生成中文词云必须先分词

B. wordcloud 不能按照词频生成词云

C. 对英文生成词云,不需要先对英文进行分词

D. wordcloud 的形状只有矩形一种

19. 以下说法错误的是(　　)。

A. numpy 库常与 matplotlib 库结合使用

B. scipy 库可处理积分、插值、信号处理、线性代数等问题

C. pandas 库不能直接操作 csv 文件

D. pandas 的 dataframe 数据类型是二维数据

20. 以下关于数据可视化说法正确的是(　　)。

A. 数据可视化好的表现形式就是将数据以图形化的方式进行展示

B. 数据可视化的最终目标是通过简明直接、易于感知的图形符号方式洞悉蕴含在数据中的现象和规律。

C. matplotlib 库可被用于科学计算的数据可视化

D. seaborn 是 matplotlib 库的替代产品

二、判断题

1. 函数 all()用于判断可迭代对象元素是否全部不为 0、False。(　　)
2. 函数 any()用于判断可迭代对象任一个元素是否为 0、False。(　　)
3. 函数 frozenset()生成的集合可以添加或删除元素。(　　)
4. round()函数返回的是浮点数的四舍五入值。(　　)
5. Python 的第三方库只能通过 pip 工具安装。(　　)
6. pip 工具在安装第三方库时会同时安装依赖的包。(　　)
7. pip 工具能成功安装所有第三方库。(　　)
8. Python 源程序无法生成可执行文件。(　　)
9. 所有 GUI 程序都是依靠事件驱动的。(　　)
10. 数据可视化有助于进行管理决策。(　　)
11. 机器学习框架 scikit-learn 不依赖于 numpy、scipy 和 matplotlib。(　　)
12. tensorflow 可以方便地实现神经网络代码。(　　)
13. 目前 Python 最流行的 Web 开发框架是 django。(　　)
14. Python 第三方库 pygame 可以直接使用 pip 安装。(　　)
15. 丰富的计算生态是 Python 流行的主要因素之一。(　　)

参考答案

模拟试卷 1

一、填空题

1. 程序设计语言的基本成分主要包括________、运算要素、控制要素和传输要素。
2. 程序的执行方式有编译执行和________两种方式。
3. 流程图有顺序结构、分支结构和________三种基本的结构。
4. Python 程序源代码的文件扩展名为________。
5. 在 IDLE 中,快捷键________用于格式化代码块。
6. 在 Python 中,________的代码必须顶格书写。
7. 在 Python 中,常量的本质还是__________。
8. 在 Python 中,数字型、字符串型和________数据是不可变数据类型。
9. 表达式 not 1>2 and 3<4 的结果为______。
10. 下面代码的执行结果为________。

```
for i in range(4):
    print(i,end='')
```

11. 假设 x=-3,那么表达式 -x if x<0 else x 的结果为________。
12. 假设 ls=[1,2,3,4],那么 ls[::-1]的值为________。
13. 表达式['a','b']*3 的值为________。
14. 已知 x=(1,2,1),那么表达式 id(x[0])==id(x[1])的值为________。
15. 表达式 int('22',16)的值为________。

二、判断题

1. Python 不能用于桌面软件开发。(　　)
2. 在 IDLE 中,以交换模式书写的代码不能被直接保存。(　　)
3. input()函数接收的输入的返回值都是字符串类型数据。(　　)
4. 在 Python 中,一行可以书写多条语句。(　　)
5. 在 Python 中,列表是可变类型数据。(　　)
6. Python 3.x 与 Python 2.x 完全兼容。(　　)
7. True、False、None 都是 Python 的内置常量。(　　)
8. Python 中的包与模块是一样的。(　　)
9. Python 无法读取二进制文件。(　　)
10. 在 Python 中,object 类是所有类的父类。(　　)
11. 字典是可变数据类型。(　　)
12. 表达式'3'*4 的值为 12。(　　)

13. list('[3,4]')的结果为[3,4]。(　　)

14. f-String 可用于字符串格式化操作。(　　)

15. with 语句可以自动关闭文件。(　　)

16. 类对象与实例对象不同。(　　)

17. 元字符"+"用于匹配 1 次或多次出现。(　　)

18. 调用函数时,其中一个参数使用了关键字方式传递参数,那么其后没有提供默认值的其他参数,都必须使用关键字方式传递参数。(　　)

19. jieba 库中的函数 cut()返回的是字符串中所有可能的词语。(　　)

20. 字典参数总是在参数列表的最后。(　　)

三、选择题

1. 下列关于 Python 类说法错误的是(　　)。

A. 类都有一个构造函数和析构函数

B. @ staticmethod 修饰符,用于声明方法为静态方法

C. 抽象类可以被实例化

D. 继承能提高代码的复用性

2. 以下关于 Python 循环结构说法错误的是(　　)。

A. 循环结构可以多次执行相同的语句

B. for 循环可能会产生死循环

C. while 循环体中必须有使循环终止的语句

D. 遍历操作多数情况下使用 for 循环结构

3. 下列代码的输出结果为(　　)。

```
x,y,z=71,62,80
if any([x<60,y<60,z<60]):
        print('D')
```

A. D　　B. 无输出　　C. False　　D. 以上均不对

4. 下列代码的输出结果为(　　)。

```
a='abc'
if a:
    print('非空')
else:
    print('空')
```

A. 非空　　B. 空　　C. True　　D. False

5. 不符合下面程序空白处语法要求的是(　　)。

```
for var in ________:
    print(var)
```

A. range(4)　　B. 'Python'　　C. (1,3,4)　　D. {1;2;3}

6. 以下代码的输出结果为(　　)。

```
s='Python'
for i in s:
```

```
print(i,end='')
```

A. P y t h o n　　B. Python　　C. 0 1 2 3 4 5　　D. i

7. d={}创建的是一个(　　)。

A. 空列表　　B. 空集合　　C. 空字典　　D. 空元组

8. 以下关于元组说法错误的是(　　)。

A. 元组中的元素不能重复　　B. 元组中的元素可以重复

C. 若t=(3),则t是数字类型　　D. 若t=(3,),则t是元组类型

9. 以下关于集合说法错误的是(　　)。

A. 集合中的元素不能重复　　B. 集合中重复的元素会被Python自动删除

C. 集合元素可以通过下标访问　　D. 以上均不对

10. 若ls=[1,2,3],则ls[::-1]为(　　)。

A. [1,2,3]　　B. [3,2,1]　　C. 1　　D. 3

四、简答题

1. 简述“__name__”变量的作用。

2. 简述Python中短字符串的驻留机制。

3. 简述异常和错误的区别。

五、编程题

1. 编写程序,随机生成20个[1,100]的整数,然后统计每个整数的出现频率。

2. 有一段英文文本,其中有的单词连续出现了2次。编写程序检查重复的单词并保留一个。例如,文本内容为“This is is a book.”,程序输出为“This is a book.”。

3. 编写函数,分别统计一个字符串中大写字母、小写字母、数字、其他字符的个数。

参考答案

模拟试卷 2

一、填空题

1. Python 标准库 math 中计算平方根的函数是________。
2. 在 IDLE 交互模式中浏览上一条语句的快捷键是________。
3. Python 中查看变量类型的内置函数是________。
4. 测试集合 A 是否为集合 B 的真子集的表达式为________。
5. 表达式 16 ** 0.5 的值为________。
6. 函数________可以返回列表、字典等对象中元素的个数。
7. 表达式 chr(ord('a')-32)的值为________。
8. 切边操作 list(range(6))[::2]的结果为________。
9. 表达式 2 and 4 的值为________。
10. 转义字符 r'\n'的含义是________。
11. 表达式'%d,%c' % (65,65)的值为________。
12. 表达式':'.join('123456'.split('34'))的值为________。
13. 表达式 len('中国'.encode('utf-8'))的值为________。
14. eval('''__import__('math').sqrt(4)''')的值为________。
15. 表达式'abc10'.isalnum() 的值为________。
16. 表达式 sum(range(1,10,2))的值为________。
17. list(filter(lambda x:len(x)>3,['a','b','abcd']))的值为________。
18. Python 库 os.path 中用来判断制定文件是否存在的方法是________。
19. Python 扩展库________支持 Excel 2007 或更高版本文件的读写操作。
20. Python 标准库________可以用于绘图。

二、判断题

1. Python 标准库 math 中,trunc(x)函数的作用是返回 x 的整数部分。(　　)
2. Python 标准库 time 中,time()函数的作用是当前时间的时间戳。(　　)
3. 内置函数 sorted()是在原来基础上的排序,没有返回值。(　　)
4. 列表对象的 sort()方法返回值为 None。(　　)
5. Windows 平台下编写的 Python 程序无法在 Linux 平台运行。(　　)
6. Python 变量一旦创建,其数据类型就不能再改变。(　　)
7. Python 允许使用内置函数名作为变量名,但这会改变函数名的定义。(　　)
8. Python 可以使用关键字作为变量名。(　　)
9. 0o34A 是合法的八进制数。(　　)

10. 变量 ls 与变量 Ls 是同一变量。(　　)

11. 已知 x 为列表对象,x. pop()和 x. pop(-1)的作用相同。(　　)

12. 元组不支持 insert()和 remove()方法。(　　)

13. 如果定义了一系列常量值,建议使用元组而不使用列表。(　　)

14. 不能对字符串和元组进行切片操作。(　　)

15. 如果需要连接大量字符串成为一个新字符串,那么使用字符串对象的 join()方法比运算符“+”具有更高的效率。(　　)

16. 当作为条件表达式时,[]与 None 等价。(　　)

17. 表达式 pow(4,2)==4 ** 2 的值为 True。(　　)

18. 字符串的 split()方法可以指定多个分隔符。(　　)

19. 已知 x 和 y 是两个字符串,那么表达式 sum((1 for i,j in zip(x,y) if i==j))可以用来计算两个字符串中对应位置字符相等的个数。(　　)

20. 在 IDLE 交互模式下,一个下画线“_”表示解释器中最后一次显示的内容或最后一次语句正确执行的输出结果。(　　)

三、程序填空

1. 下面程序的功能是从键盘输入一个字符串,将大写字母全部转换成小写字母,然后将转换后的结果保存到文件“test. txt”中。请将程序补充完整。

```
s=input('请输入一个英文字符串:')
s=________
__________ open('test.txt',________,encoding='utf-8') as fp:
    fp.write(s)
```

2. 下面程序的功能是随机生成 20 个整数,然后将前 10 个元素升序排列,后 10 个元素降序排列,并输出结果。请将程序补充完整。

```
import ________
x=[random. ________(0,50) for i in ________]
y=x[0:10]
y.sort()
x[0:10]=y
y=x[10:20]
y.sort(reverse=________)
x ________=y
print(x)
```

3. 下面程序的功能是求任意二进制数中连续 0 的个数。请将程序补充完成。

```
n=4
b_n=________
index=b_n. ________('1')+1
result=________(b_n[index:])
print(result)
print(b_n)
```

四、编程题

1. 现有 10 个无序数,请使用冒泡法进行排序,并输出结果。
2. 从键盘输入一个整数 k(2≤k≤10000),打印它的所有质因子(即所有为素数的因子)

参考答案

模拟试卷 3

一、填空题

1. Python 内建异常的基类是________。

2. Python 库 os. path 中用来判定指定路径是否为文件的方法是________。

3. 方法________用来在文件不关闭的情况下将缓冲区内容写入文件。

4. 在 Python 中,构造方法的名字是________。

5. 表达式 type({})==set 的值为________。

6. 表达式 isinstance(2j,(int,float,complex))的值为________。

7. 已知 f=lambda x:5,那么表达式 f(3)的值为________。

8. 已知函数 def demo(x,y,op):return eval(str(x)+op+str(y)),那么表达式 demo(7,3,'*')的值为________。

9. 表达式 list(map(lambda x,y:x+y,[1,2],[3,4]))的值为________。

10. 表达式 list(range(10,20,4))的值为________。

11. 正则表达式模块 re 的________方法用来在字符串开始处进行指定模式的匹配。

12. 表达式 eval('*'.join(map(str,range(1,5))))的值为________。

13. 表达式 re.findall('\d+?','ab7cd123')的值为________。

14. 表达式'aaaBBddff'.strip('af')的值为________。

15. 若 x='ab12cd',则表达式 x[2:]+x[:-2]的值为________。

二、判断题

1. 在 Python 中,任何时候相同的值在内存中都只保留一份。( )

2. 在 Python 3. x 中,不能使用中文作为变量名。( )

3. 运算符"+"既能作为加法运算符也能作为字符串连接运算符。( )

4. 2+3j 是合法的 Python 表达式。( )

5. Python 标准库不需要导入即可使用其中的对象和方法。( )

6. 一个数字 3 也是合法的 Python 表达式。( )

7. 只导入某个模块的部分函数可以使用 from…import…来导入。( )

8. 元组不能作为字典的"键"。( )

9. 字典中的"值"不能重复。( )

10. 若 x=[1,2,3],y=3,则表达式 id(x[2]==id(y)的值为 True。( )

11. 在 Python 中,集合和字典都是无序序列。( )

12. 相同内容的字符串使用不同的编码格式进行编码得到的结果并不完全相同。( )

13. 列表对象的 extend()方法属于原地操作,调用前后列表对象的地址不变。

14. 表达式 randint(1,100)不可能得到 100。(　　)

15. 已知 x=(1,2,3),则执行 x[0]=4 后,x 的值为(4,2,3)。(　　)

16. 带有 else 子句的循环如果因为执行了 break 语句而退出的话,则会执行 else 子句中的代码。(　　)

17. 表达式[ ]==None 的值为 True。(　　)

18. 正则表达式元字符" \s"用来匹配人员空白字符。(　　)

19. 正则表达式'^http '匹配的是所有以 http 开头的字符串。(　　)

20. print( )函数可以将数据写入文件。(　　)

三、简答题

1. 为什么要尽量从列表的尾部添加元素?

2. 简述 pass、continue 和 break 语句的作用。

3. 简述 is 和"= ="的区别。

4. 简述解释型语言和编译型语言的概念。

四、编程题

1. 编写程序,判断用户输入的年份是否为闰年。闰年的条件:能被 4 整除但不能被 100 整除或者能被 400 整除。

2. 编写程序,实现一个简单的文本菜单,菜单选项有加法、减法、乘法、除法、退出。当用户输入菜单项的编号时,执行其对应的功能。每个菜单项的具体功能可不实现。

3. 编写程序,获取用户输入的两个整数,求这两个数的最大公约数。

参考答案

模拟试卷 4

一、填空题

1. 执行循环语句 for i in range(5):pass 后,变量 i 的值为________。
2. 函数定义时确定的参数称为________。
3. 若 s1=[1,2],s2=[3,4],那么表达式 s1+s2 的值为________。
4. Python 处理异常的语句是________。
5. Python 的________模块提供了 sin()、cos()等函数。
6. 表达式{1,2,3,4}^{3,4,5}的值为________。
7. 二进制文件的读取可以使用________方法。
8. 在类的定义中,若在属性名前加 2 个下画线,则该属性是________属性。
9. 判断整数 n 能否同时被 2 和 3 整除的表达式为________。
10. 通过特殊变量________可以获取模块的名称。
11. seek(0,1)将文件指针定位于________。
12. 表达式 len({1,2,1,2,3})的值为________。
13. 若函数没有 return 语句,则函数将返回________。
14. 在 Python 中,所有异常都是________类的成员。
15. 表达式 5<=4 and 0 or not 0 的值为________。
16. 假设 f=lambda x,y:{x:y},那么 f(3,4)的值是________。
17. 与 x+=x * y+z 语句等价的语句是________。
18. 循环语句 for i in range(-3,21,4)的循环次数为________。
19. 生成一个 k 比特长度的随机整数的函数是________。
20. turtle 库运动控制函数是________。

二、选择题

1. 以下关于算法特性描述错误的是(　　)。

   A. 有 0 个或多个输入　　B. 有 0 个或多个输出

   C. 又穷性　　D. 确定性

2. 以下不是 Python 中用于开放用户图形界面的第三方库是(　　)。

   A. kivy　　B. PyQt5　　C. turtle　　D. wxPython

3. 以下表达式中值为 False 的是(　　)。

   A. '1234'<'34'　　B. '123'<'1234'

   C. ' '<'1'　　D. 'Python'>'python'

4. 以下属于 Python 游戏开发的第三方库是(　　)。

A. django　　B. flask　　C. cocos2d　　D. pyramid

5. 以下表达式值为' Python '的是(　　)。

A. ' Hello Python '[-6:]　　B. ' Hello Python '[-6:-1]

C. ' Hello Python '[-6:0]　　D. ' Hello Python '[-5:]

6. 以下选项中,不是 Python 保留字的是(　　)。

A. go　　B. while　　C. pass　　D. except

7. 以下关于函数描述错误的是(　　)。

A. 提高代码复用　　B. 增强了代码的可读性

C. 降低了编程复杂度　　D. 提高了代码执行速度

8. 以下代码的输出结果是(　　)。

```
def cac(m,n):
    m=20
    n += m
m=2
n=3
cac(m,n)
print(m,n)
```

A. 2 3　　B. 20 22　　C. 2 5　　D. 20 10

9. 以下选项中是 Python Web 开发的库是(　　)。

A. requests　　B. scipy　　C. matplotlib　　D. django

10. 以下关于 import 描述错误的是(　　)。

A. import 用于导入模块或模块中的对象

B. 使用 import time as t 导入 time 模块,取别名为 t

C. from turtle import setup 的作用是导入整个 turtle 库

D. import turtle 的作用是导入整个 turtle 库

11. 表达式 len(' a\nb\tc ')的值为(　　)。

A. 5　　B. 7　　C. 6　　D. 4

12. type(2+0xA * 3. 14)的结果是(　　)。

A. <class ' float '>　　B. <class ' str '>

C. <class ' int '>　　D. <class ' long '>

13. Python 对表达式 3+3. 14 计算时要进行的转换是(　　)。

A. 浮点数转换为整数　　B. 整数转换为浮点数

C. 整数转换为字符串　　D. 整数和浮点数都转换为字符串

14. 以下不属于面向对象方法特征的是(　　)。

A. 继承性　　B. 封装性　　C. 多态性　　D. 分类性

15. 在面向对象程序设计中,用于类之间共享属性和方法的机制是(　　)。

A. 多态　　B. 继承　　C. 封装　　D. 对象

16. Python 语句 print(r" \nPython")的运行结果是(　　)。

A. \nPython　　B. Python　　C. r" \nPython"　　D. 空行和 Python

17. 以下关于函数的关键字参数,描述错误的是(　　)。

A. 关键字参数顺序无限制　　B. 关键字参数必须位于位置参数之后

C. 不能重复提供实际参数　　D. 关键字参数必须位于位置参数之前

18. 表达式 len({'a':1,'b':2,'c':3})的值为(　　)。

A. 0　　B. 1　　C. 2　　D. 3

19. 以下代码的输出结果是(　　)。

```
sum=0
for i in range(1,51):
    sum +=i
print(sum)
```

A. 1225　　B. 1250　　C. 1275　　D. 1176

20. 下面代码的输出结果是(　　)。

```
for num in range(2,10):
    if num > 1:
        for i in range(2,num):
            if (num % i)==0:
                break
        else:
            print(num,end='')
```

A. 2 4 6 8　　B. 2 3 5 7　　C. 2 4 6 8 10　　D. 2 3 5 7 9

三、阅读程序写结果

1. 当输入 54321 时,写出下面程序的运行结果。

```
num=eval(input('请输入一个数:'))
while num !=0:
print(num % 10,end='')
num=num // 10
```

2. 写出下面程序的运行结果。

```
a=[7,20,32,11,5,38]
for i in range(len(a)-1):
    if a[i]>a[i+1]:
        a[i],a[i+1]=a[i+1],a[i]
print(a)
```

3. 写出下面程序的运行结果。

```
def a(x):
    y=x * 2
    return y
def b(y):
    z=y * 3
    return z
```

```
print(b(a(b(3))))
```

4. 写出下面程序的运行结果。

```
n=20
while n > 0:
    n-=5
    print(n,end='')
```

四、编程题

1. 使用 turtle 库的 turtle. fd( ) 函数和 turtle. left( ) 函数绘制一个六边形,边长为 100 像素。

2. 假设储户定期利率为 n%,编写程序,计算要过多少年 1 万元的定期存款连本带息才能翻番。定期利率由用户输入。

3. 编写程序计算 4!+6!+8!+10!+12!的值。

参考答案

模拟试卷 5

一、填空题

1. Python 程序扩展名为________的文件是用于 GUI 的程序。

2. 表达式 abs(-5)的值为________。

3. Python 内置函数________用于返回序列中的最大元素。

4. 表达式 list(map(int,['1','2']))的值为________。

5. 使用列表推导式生成包含 5 个数字 2 的语句为________。

6. 已知 y=[1,2],执行语句 y[len(y):]=[3,4]后,y 的值为________。

7. 表达式 round(3.14)的值为________。

8. random 模块中的________函数可以将列表中的元素随机乱序。

9. 表达式{4,5,6}=={6,5,4}的值为________。

10. 表达式 4567%100//100 的值为________。

11. 对带有 else 子句的 for 或 while 循环,当循环体中执行________语句后不会执行 else 中的代码。

12. 已知 x=['11','234','3'],则表达式 max(x, key=lambda y:len(y)==3)的值为________。

13. 表达式'%s '%32 的值为________。

14. 表达式'{0:#d},{0:#x},{0:#o}'.format(11)的值为________。

15. 若 s='<use1@ mail1. com>',那么表达式 re.findall(r'(<)?(\w+@\w+(?:\.\w+)+)(?(1)>|$)',s)的结果为________。

16. 字符串 s 的最后一个字符的索引值为________。

17. Python 第三方库________支持多维数组与矩阵的运算。

18. 语句 x,x=10,30 执行后 x 的值为________。

19. scrapy 是一个易学易用的________框架。

20. 文件的默认打开方式是________。

二、选择题

1. 在读写文件之前,用于打开文件的函数是(   )。

   A. open()   B. close()   C. create()   D. dir()

2. 下列程序的执行结果是(   )。

```
class student:
    name='小明'
    age=18
```

```
    def __init__(self,name,age):
        self.name=name
        self.age=age
st=student('小张',20)
print(f'{st.name}:{st.age}')
```

A. 小张:20　　B. 小明:18　　C. 小张:18　　D. 小明:20

3. 下列选项中不属于面向对象基本特征的是(　　)。

A. 继承　　B. 封装　　C. 多态　　D. 高效率

4. 下列说法不正确的是(　　)。

A. 类是对象的抽象表现,而对象是类的实例

B. 在默认情况下,类的私有变量外部不能访问

C. 以"__"开头的实例属性,是私有变量

D. 在 Python 中,一个子类只能有一个父类

5. 下列关于 try 语句块说法不正确的是(　　)。

A. 一个 try 后可以有多个 except

B. 一个 try 后可以有多个 finally

C. try 必须与 except 或 finally 一起使用

D. finally 语句中的语句始终要被执行

6. 以下属于 Python 不支持的数据类型是(　　)。

A. set　　B. int　　C. float　　D. char

7. Python 中在一行写多条语句时使用的分隔符是(　　)。

A. 逗号　　B. 冒号　　C. 分号　　D. 斜线

8. print()格式化输出中可使用下列哪一项控制浮点数的小数点后两位?(　　)

A. {.2}　　B. {:.2f}　　C. {.2f}　　D. {:.2}

9. 下列选项中不是 Python 关键字的是(　　)。

A. yield　　B. pass　　C. float　　D. for

10. 表达式 False/True 的值是(　　)。

A. 0.0　　B. 0　　C. -1　　D. 1

11. 关于 Python 全局变量和局部变量说法错误的是(　　)。

A. 全局变量不能和局部变量重名

B. 全局变量在程序执行过程中全局有效

C. 不同作用域内同名变量互不影响

D. 无论是全局变量还是局部变量在其定义之前都不能使用

12. 以下选项中,对于递归程序的描述错误的是(　　)。

A. 书写简单

B. 递归程序都可以有非递归编写方法

C. 自己调用自己的函数就是递归函数

D. 执行效率高

13. 以下关于函数描述错误的是(　　)。

A. 函数只有在调用时才会被执行

B. 使用函数需要了解函数的内部实现细节

C. 函数一般只完成一种特定功能

D. 函数可提高代码的复用性

14. 以下关于 Python 的 lambda 函数描述错误的是(　　)。

A. lambda 函数的返回值就是表达式的结果

B. lambda 函数用于定义简单的、能够在一行内表示的函数

C. lambda 函数不支持按关键字传递参数

D. lambda 函数将函数名作为函数的返回结果

15. 关于形参和实参的描述,以下选项中正确的是(　　)。

A. 函数定义中参数列表里面的参数是实际参数,简称实参

B. 程序在调用时,将形参复制给函数的实参

C. 程序在调用时,将实参复制给函数的形参

D. 参数列表中给出要传入函数内部的参数,这类参数称为形式参数,简称形参

16. 给定字典 d,以下关于 x in d 的描述正确的是(　　)。

A. 判断 x 是否为字典中的值

B. 判断 x 是否为字典中的键

C. 判断 x 是否为字典中的键值对

D. 判断 x 是否等于字典 d

17. 关于 Python 的元组类型,以下选项中描述错误的是(　　)。

A. 元组一旦创建就不能被修改

B. 一个元组可以作为另一个元组的元素,可以采用多级索引获取信息

C. 元组中的元素不可以是不同类型

D. Python 中元组采用逗号和圆括号(可选)来表示

18. 给定字典 d,以下选项中对 d. get(x,y)的描述正确的是(　　)。

A. 返回字典 d 中键值对为 x:y 的值

B. 返回字典 d 中键为 y 的值,如果不存在,则返回 x

C. 返回字典 d 中键为 y 的值,如果不存在,则返回 y

D. 返回字典 d 中键为 x 的值,如果不存在,则返回 y

19. 以下选项中不能生成一个空字典的是(　　)。

A:{}　　B:{[]}　　C:dict([])　　D:dict()

20. 若 s='Hello Python',那么表达式 s[:-4]的值为(　　)。

A. 'Hello Py'　　B. 'thon'　　C. 'Hello P'　　D. 'ython'

三、阅读程序写结果

1. 下面程序的运行结果是________。

```
def Sum(x,y=10,z=20):
    return sum([x,y,z])
print(Sum(3))
```

```
print(Sum(3,5))
print(Sum(x=5,z=10))
```

2. 下面程序的运行结果是________。

```
s=0
for i in range(1,101):
    s += i
    if i==50:
        print(s)
        break
else:
    print(1)
```

3. 下面程序的运行结果是________。

```
m=1
n=10
def out():
    global m
    for i in [1,2,3,4]:
        m+=i
    n=0
out()
print(m,n,sep=',')
```

4. 下面程序的运行结果是________。

```
ls={}
ls[1]=1
ls['1']=2
ls[1]+=1
s=0
for i in ls:
    s+=ls[i]
print(s)
```

四、简答题

1. 简述文本文件和二进制文件的区别。
2. 简述 isinstance 的作用及应用场景。
3. 简述 Python 中 classmethod 和 staticmethod 的区别。

五、程序设计题

1. 编写程序,计算下列分段函数的值。

$$f(x)=\begin{cases}x^2+1, & x>0\\ -x, & x<0\\ 10.0, & x=0\end{cases}$$

2. 编写程序,帮助小学生练习 20 以内的加法运算。随机生成两个整数,让学生输入答案,当输入“#”时结束练习。

参考答案

参考文献

李东方,2017. Python 程序设计基础[M]. 北京:电子工业出版社.
刘浪,2015. Python 基础教程[M]. 北京:人民邮电出版社.
鲁凌云,2019. Python 程序设计基础[M]. 北京:清华大学出版社.
嵩天,2018. 全国计算机等级考试二级教程——Python 语言程序设计[M]. 北京:高等教育出版社.
夏辉,杨伟吉,2019. Python 程序设计[M]. 北京:机械工业出版社.
张基温,魏士靖,2019. Python 开发案例教程[M]. 北京:清华大学出版社.